Lothar Weber, Klaus-Jürgen Kühne, Jan Reiners, Werner Kurtz

Alpenbahnen

BEKANNTE UND UNBEKANNTE STRECKEN

trans press

Einbandgestaltung: Luis dos Santos
Titelbild: Zwei moderne Elektroloks der Gattung Re 485 der Bahngesellschaft BLS rollen mit einem Hupac-Zug über den Luogelkinnviadukt in Richtung Brig. Im Hintergrund erstreckt sich das Rhonetal.
Foto: Markus Seeger

Bildnachweis:
Die zur Illustration dieses Buches verwendeten Aufnahmen stammen – wenn nichts anderes vermerkt ist – vom Verfasser. Bildnachweis: siehe Seite 143

ISBN 978-3-613-71478-6

1. Auflage 2014

Sie finden uns im Internet unter www.transpress.de

Lektor: Hartmut Lange
Innengestaltung: Jürgen Knopf
Repro: Medien und Printprodukte, 74321 Bietigheim-Bissingen
Druck und Bindung: Bechtel Druck GmbH & Co. KG, 73061 Ebersbach
Printed in Germany

Vorwort

Eine Fahrt mit der Eisenbahn durch die Alpen ermöglicht den Reisenden immer neue reizvolle Ein- und Ausblicke auf die vorbeiziehenden Landschaften rechts und links der Strecke. Bahnlinien, die entlang des Schienenstrangs ein außergewöhnliches Panorama bieten, gelten schnell als legendär. Dabei ist es natürlich nicht nur die Landschaft, die darüber entscheidet, ob eine Strecke diesen Status erhält. Vielmehr verdankt die Eisenbahn ihren Siegeszug in der Bergwelt dem Bau von immer aufwendiger trassierten Strecken. Dabei überwanden die Ingenieure immer größere Hindernisse mit immer eindrucksvolleren Bauwerken.
Aber nicht nur mächtige Brücken und lange Tunnel macht die Mehrzahl der Bahnlinien in den Alpen zu etwas Außergewöhnlichem, häufig ist es auch eine Besonderheit des Betriebs. Deshalb musste für dieses Buch eine Auswahl getroffen werden, die bekannte und unbekannte Strecken gleichermaßen berücksichtigt. Den Autoren war es dabei wichtig, auch einen Blick in die Zukunft zu werfen, immerhin entsteht in der Schweiz mit der sogenannten Flachbahn, zu der auch Gotthard- und Ceneri-Basistunnel zählen, ein Bauprojekt, das in naher Zukunft den Eisenbahnverkehr in den Alpen dramatisch verändern wird.
Ein großer Dank gilt den Fotografen, die die Autoren mit Fotos aus ihren Archiven unterstützten. Hervorgehoben seien Helmut Reese, Veselin Kolev, Thomas Estler, Jan und Patrick Welkerling, die Bilder aus ihren Archiven zur Verfügung stellten.

Viele Freude bei dieser Reise durch die Alpen wünschen Ihnen, liebe Leserinnen und Leser,

Lothar Weber (LW)
Klaus-Jürgen Kühne (KJK)
Jan Reiners (JR)
Werner Kurtz (WK)

Inhalt

ÖBB

Baukunst der Ingenieure

Die Arlbergbahn führt von Innsbruck in Tirol nach Bludenz in Vorarlberg. Sie verbindet somit Brenner- und Vorarlbergbahn.

Erste Überlegungen, eine Eisenbahnverbindung über den Arlberg zu bauen, gehen auf das Jahr 1845 zurück. Damals wollte man einen durchgehenden Schienenweg von England nach Ägypten bauen, sah aber noch keine Möglichkeit den Arlberg zu überwinden. Einige Zeit später drängte die Vorarlberger Textilindustrie auf eine Bahnlinie nach Tirol. Deshalb beschlossen im Winter 1866 die Landtage von Vorarlberg und Tirol, einen Antrag zum Bau der Bahn bei der Regierung einzureichen. 1880 wurde mit dem Bau der 136 km langen Strecke begonnen. Als erstes wurde der 10,6 km lange Tunnel durch den Arlberg in Angriff genommen. Am 19. November 1883 konnte der Durchbruch gefeiert werden. Mit dem Bau der Strecke von Innsbruck nach Landeck wurde erst im November 1881 begonnenen. Zwei Jahre später folgte der Bau der beiden Rampenstrecken zum Tunnel. Im Streckenabschnitt Landeck Bludenz wurden 59 Brücken gebaut. Zum heute zweigleisigen Arlbergtunnel – das zweite Gleis wurde 1985 eröffnet – kamen weitere neun Tunnel. Im Herbst 1884 war die Bahnlinie fertig gestellt und wurde durch Kaiser Franz Joseph I. feierlich eröffnet wurde.

Auf der Ostrampe ist die Viaduktbrücke über die Trisanna bei Landeck das markanteste Bauwerk. Mit einer offenen Stützweite von 120 m und einer Höhe von 86 m über Grund war sie lange Zeit das größte Bauwerk dieser Art in Österreich. Am 13. Juni 2009 zieht 1116 131 zusammen mit einem weiteren Taurus der ÖBB den Eurocity 161 »Vorarlberg« über das Bauwerk, das bis heute als Höhepunkt österreichischer Ingenieurskunst gilt. (WK)

Durchs Ostallgäu

Wer mit der Eisenbahn zu den bekannten Schlössern Hohenschwangau und Neuschwanstein reisen möchte, nutzt dafür die 30,6 km lange Bahnlinie Biessenhofen–Füssen. Die eingleisige und nicht elektrifizierte Nebenbahn zweigt als Stichbahn in der Ortschaft Biessenhofen von der Allgäubahn ab. Den Abschnitt zwischen Biessenhofen und Marktoberdorf eröffneten die Königlich Bayerischen Staats-Eisenbahnen bereits im Jahr 1876. Dreizehn Jahre später, am 1. Juni 1889, ging die Verlängerung nach Füssen in Betrieb. Diese Strecke erbaute und betrieb jedoch die private Lokalbahn Aktien-Gesellschaft (LAG). Nach deren Insolvenz übernahm die Deutsche Reichsbahn zum 1. August 1938 auch den Abschnitt Marktoberdorf–Füssen. Heute betreibt die Deutsche Bahn AG die Bahnlinie, die den Beinamen König-Ludwig-Bahn erhielt.
Die Nebenbahn wird jeweils im Zweistundentakt von Regional-Express-Zügen von München nach Füssen und von Regionalbahnen von Augsburg nach Füssen bedient. Somit ist auf der König-Ludwig-Bahn ein Stundentakt gewährleistet. Zusätzlich fahren von Montag bis Freitag einzelne Regionalbahnen als Verstärkerzüge von Augsburg oder Kaufbeuren nach Marktoberdorf. Zum Einsatz kommen mittlerweile Dieseltriebwagen der Baureihe 642, sowie Loks der Baureihe 218 mit n-Wagen. Am 24. Februar 2008 gelang dem Fotografen vor herrlichem Alpenpanorama beim Luftkurort Seeg noch die Aufnahme eines Triebwagens der Baureihe 628.2, die hier zuvor eingesetzt war. (LW)

Der Langsame

Am 25. Juni 1930 verließ um 7.30 Uhr der erste Glacier Express den Bahnhof von Zermatt. Rund elf Stunden später erreichte der neue Schnellzug mit seinen 70 geladenen Gästen den bekannten Urlaubsort St. Moritz. Seither verbindet der Zug St. Moritz über Chur, Disentis/ Mustér, Andermatt, Brig und Visp mit Zermatt. Dabei durchquert er die Kantone Graubünden, Uri und Wallis. Heute fährt der »langsamste Schnellzug der Welt« in rund acht Stunden über 291 Brücken, durch 91 Tunnel und über den 2.033 m hohen Oberalppass in der Nähe der Quelle des Rheins.
Bis 1981 unterfuhr der Glacier Express den Furkapass durch einen Scheiteltunnel auf 2.162 m ü. M. Die Bergstrecke von Oberwald nach Realp wurde aber nur während etwa vier Sommermonaten befahren, in der übrigen Zeit ruhte witterungsbedingt der Bahnverkehr. Der Bau des 1982 eröffneten Furka-Basistunnels ermöglichte Ganzjahresbetrieb, der Blick auf den Rhônegletscher ist den Fahrgästen aber seither verwehrt. Dieser Abschnitt gab jedoch dem Zug seinen Namen, denn Gletscher heißt auf Französisch Glacier. Die alte Bergstrecke wird aber heute von der Dampfbahn Furka-Bergstrecke betrieben.
Bis 1981 bestand der Glacier Express aus Kurswagen, die lediglich von der Furka-Oberalp-Bahn als eigener Zug geführt wurden. Seit 1982 wurden mehr Züge bzw. Kurswagen eingesetzt. 1993 kam erstmals eine vollständig aus Panoramawagen gebildete Komposition zum Einsatz, die aber nur die 1. Wagenklasse führte. Nach dem Kauf weiterer Panoramawagen wurden seit 2006 mehrere Zugeinheiten mit Panoramawagen in der 1. und 2. Klasse angeboten. Das Mittagessen wird am Sitzplatz serviert und über Kopfhörer werden die Fahrgäste in deutscher, englischer, französischer, japanischer, chinesischer und italienischer Sprache über interessante Streckendetails informiert. (KJK)

Auf dem Hochplateau

Die meterspurige Rittnerbahn erschließt das Hochplateau des Ritten bei Bozen in Südtirol, denn im 19. Jahrhundert hatte der Tourismus hier so stark zugenommen, dass er eine Bahn auf den Berg rentabel erscheinen ließ. So wurde am 3. Juli 1906 die Konzession für eine schmalspurige, elektrifizierte Lokalbahn mit Zahnradantrieb von Bozen nach Oberbozen erteilt. Planung und Bau übernahm das Unternehmen Josef Riehl. Bereits knapp ein Jahr später waren die Bauarbeiten abgeschlossen, sodass die Bahn am 13. August 1907 eröffnet werden konnte.
Seit der Eröffnung bis ins Jahr 1911 wurde die Rittnerbahn von der k. k. privilegierten Südbahn betrieben, danach bis 1924 von den Etschwerken. Von 1924 bis 1929 führte die AG der Rittnerbahn den Betrieb, dann kam die Bahn bis 1955 zur Società Trentina di Elettricità. Seit 1982 ist die SAD Nahverkehr AG für den Betrieb der Rittnerbahn zuständig. Mit der Übernahme wurde auch eine grundlegende Generalsanierung beschlossen. 1985 begannen die Arbeiten, in deren Rahmen neue Schienen verbaut und die Station Maria Himmelfahrt nach Originalplänen rekonstruiert wurden.
In den 1930er-Jahren wurde der vierachsige Triebwagen ET 105 (Baujahr 1910) der eingestellten Strecke Dermulo–Fondo–Mendel übernommen. Er wurde in Münchenstein bei Basel gebaut wurde. Da seine elektrische Ausrüstung von Alioth stammt, brachte ihm das den Spitznamen »Alioth« ein. Zusammen mit zwei zweiachsigen Triebwagen und einem vierachsiger Triebwagen aus den Anfangsjahren ist er noch immer im Einsatz. Am 8. Oktober 2012 rollt der Alioth bei Rappersbühel über die Strecke. (JR)

Röhren-Blick

Die Eisenbahnen in den Alpen überqueren die Berge meist mit Hilfe steigungsreicher Passstrecken und einem Scheiteltunnel. Dies wandelt sich in den vergangenen Jahrzehnten, den zunehmend entstehen Basistunnel, die auf Zufahrten mit starken Steigungen verzichten. Wichtigstes Verbindung ist sicherlich das Schweizer Jahrhundertprojekt »Neue Eisenbahn-Alpentransversale« (NEAT), in dessen Rahmen bereits der Lötschberg-Basistunnel entstand und derzeit Gotthard- und Ceneri-Basistunnel gebaut werden.
Mit 15,4 Kilometer Länge erreicht der Ceneri-Basistunnel im Schweizer Kanton Tessin nahezu die gleiche Länge wie der alte Gotthard-Scheiteltunnel, aber nur ein Viertel der Länge des Gotthard-Basistunnels. Nichtsdestoweniger handelt es sich am Beginn des 21. Jahrhunderts um das zweitgrößte Tunnelbauprojekt in der Schweiz, dessen Bedeutung nicht zu unterschätzen ist: Denn nur mit dem Ceneri-Basistunnel lässt sich der steigungsarme Streckenverlauf – in der Schweiz »Flachbahn« genannt – verwirklichen.
Der Ceneri-Basistunnel wird nach seiner Eröffnung als südlicher Zubringer für den Gotthard-Basistunnel dienen. Der offizielle erste »Spatenstich« fand 2006 statt, der Vortrieb begann im Jahr 2007 und wird voraussichtlich 2015 beendet werden.
In diesem Zusammenhang weist der Ceneri-Basistunnel noch eine weitere Besonderheit auf: Der Ausbruch seiner beiden Tunnelröhren erfolgt ausschließlich im konventionellen Sprengvortrieb, es kommt keine Tunnelbohrmaschine zum Einsatz.
Die Eröffnung des Bauwerks ist für den Monat Dezember des Jahres 2019 geplant: Blick in die im März 2014 fertiggestellte Westkaverne bei Vigana. (LW)

Durch das Allgäu

Überwindung der Grenzen

1.

Doppelname

Obwohl sie schon längst als Karwendelbahn bekannt ist, bestehen die Fachleute darauf, die Bahnlinie in den österreichischen und deutschen Alpen als Mittenwaldbahn zu bezeichnen. Sie verbindet Mittenwald und Garmisch-Partenkirchen in Bayern mit Seefeld und Innsbruck in Tirol. Zusammen mit der Außerfernbahn bindet sie das Außerfern (jenseits des Fernpasses gelegen) an Tirol an.
Die Eisenbahnstrecken entstand in den Jahren 1910 bis 1912 als elektrische Lokalbahn. Initiatoren waren die beiden Ingenieure und Bauunternehmer Josef Riehl und Wilhelm Carl von Doderer, die für diesen Zweck eigens die Mittenwaldbahn AG gegründet hatten. Die Bahnlinie wurde am 26. Oktober 1912 eingeweiht. Den Verkehr übernahmen die Staatsbahnen Österreichs und Bayerns zusammen. Eine technische Besonderheit bestand darin, dass die Mittenwaldbahn zu den ersten Bahnlinien gehörte, die mit hochgespanntem einphasigem Wechselstrom betriebenen wurden. Deshalb beeinflusste sie die Normen des elektrischen Bahnbetriebes in ganz Mitteleuropa. (KJK)

▲ *Ab in die Berge: Beim Blick aus dem Fenster offenbart sich kurz vor Farchant das Panorama des Wettersteingebirges. Die Aufnahme entstand am 9. November 2008.*

◀ *Am Mittag des 2. Aprils 2013 passiert ein Regionalexpress der Deutschen Bahn das Finstertal-viadukt westlich von Innsbruck. Die Karwendelstrecke klettert hier am Inntal entlang um sich anschließend durchs Gebirge nach Deutschland zu schlängeln. Anstatt lokbespannter Züge fahren heute ausschließlich Talent-Triebwagen.*

▲ *Am 26. August 2011 schiebt eine Lok der Baureihe 111 ihren Regionalzug gen Norden. Die Aufnahme entstand bei Ohlstadt, wo zu dem Zeitpunkt noch Oberleitungsmasten aus der Anfangszeit der Bahn standen. Heute sind auf der Mittenwaldstrecke überwiegend Talent-Triebwagen unterwegs.*

In der Abenddämmerung des 4. Oktobers 2013 rollt ein Triebwagen der Reihe 425 nahe Lermoos über die Außerfernbahn.

Grenzgängerin

Die Außerfernbahn stellt eine Besonderheit dar, weil sie von einem Staat in den anderen und wieder zurück führt, nämlich von Deutschland nach Österreich wieder nach Deutschland. Ihre Geschichte reicht zurück bis in die Mitte des 19. Jahrhunderts, doch erst in den 1890er-Jahren wurden die Planungen konkret. Seit dem März 1892 erlaubte es das neue bayerische Lokalbahngesetz, private Lokalbahnen durch staatliche Garantien zu unterstützen. Die Strecke wurde daraufhin als Lokalbahn von Kempten Richtung Tirol gebaut. Am 30. November 1895 rollte der erste Zug von Kempten bis Pfronten-Ried.
Nun erhoben sich Stimmen, die eine Weiterführung der Bahn bis Reutte/Tirol forderten. Doch dauerte es zehn Jahre, bis der erste Zug am 16. Dezember 1905 bei Pfronten-Steinach die deutsch-österreichische Staatsgrenze passierte und in Schönbichl endete. Von dort aus beförderte dann die »Localbahn Reutte-Schönbichl AG« die Fahrgäste nach Reutte weiter.
Da die Bahn gut angenommen wurde, forderte man bald den Weiterbau der Strecke nach Garmisch, denn dort bestand bereits ein Anschluss nach München (über Murnau, Weilheim und Starnberg), zudem baute man in den Jahren 1910–1912 die Mittenwaldbahn (eröffnet am 1. Mai 1912, auch Karwendelbahn genannt), die Garmisch mit Innsbruck verband. 1910 schlossen Österreich und Bayern das »Außerfern-Mittenwald-Abkommen«. Der »Lückenschluss« erfolgte am 29. Mai 1913, der Abschnitt Garmisch–Reutte wurde von Anfang an elektrisch betrieben. In ihrem gesamten Verlauf ist die Außerfernbahn eine eingleisige Nebenbahn. Pläne, die Außerfernbahn mit der nahe gelegenen Strecke Biessenhofen–Füssen zu verbinden, scheiterten.
Die auf den Straßenbau setzende Verkehrspolitik legte eine Stilllegung der Strecke mehrfach nahe, zuletzt 2001, als die sanierungsbedürftige Oberleitung abgebaut wurde. Inzwischen hängt die Fahrleitung wieder und die Züge von Garmisch nach Reutte werden mit modernen Elektrotriebwagen gefahren. (WK)

◀ *Die König-Ludwig-Bahn (vgl. Seite 9) bietet die moderne Bahn vor eindrucksvoller Kulisse: Am Abend des 16. Januars 2011 fährt ein Desiro-Triebwagen nördlich von Füssen in Richtung Augsburg. Im Hintergrund sind der Hopfensee sowie Schloss Neuschwanstein zu sehen. Letzterer beschert der Bahnstrecke ein hohes Fahrgastaufkommen durch Touristen.*

Aus zwei wird eins

Die eingleisige Illertalbahn Immenstadt–Oberstdorf zweigt in Immenstadt im Allgäu von der Allgäubahn (siehe Seite 26) ab und führt über Sonthofen nach Oberstdorf. Sie folgt auf ganzer Länge dem Lauf der Iller. Auf ihr verlaufen die Kursbuchstrecken 970 und 975. Außerdem verkehrt hier der Alex der Vogtlandbahn. Nach dem Anschluss Immenstadt an das Eisenbahnnetz bemühte sich Sonthofen um den Bau einer Stichbahn. Die rund 8 km lange Vizinalbahn der Königlich Bayerischen Staatseisenbahnen ging am 16. November 1873 in Betrieb. Rund 15 Jahre später, am 29. Juli 1888, eröffnete die Lokalbahn Aktien-Gesellschaft (LAG) schließlich die 13 km lange Sekundärbahn bis Oberstdorf. In Sonthofen bestand zunächst ein gemeinsamer Kopfbahnhof mit der Staatsbahn. Das änderte sich erst nach der Verstaatlichung der LAG 1938, als – unterbrochen durch den Zeiten Weltkrieg – ein Durchgangsbahnhof entstand, der 1949 eröffnet wurde. (JR)

◀ *Ein sonniger Wintertag im Oberallgäu: 612 573 ist am 15. Januar 2012 zwischen Fischen und Altstädten unterwegs.*

◀ *Altstädten aus der Vogelperspektive: Am 15. Januar 2012 zieht hier eine Lok der Baureihe 218 einen Zug aus n-Wagen über die Strecke.*

▶ *Die SVG-Lok 2143.21 war im Jahr 2012 regelmäßig vor ALEX-Zügen zwischen Immenstadt und Oberstdorf im Einsatz. Die Aufnahme entstand am Vormittag des 15. Januars 2012 nördlich von Fischen im Allgäu.*

◀ *Am 3. Januar 2011 verkehrt ein Triebwagen der Reihe 612 als Regionalexpress. Soeben beschleunigt er aus Fischen heraus gen Norden.*

Die Legendäre

Die bayerische Allgäubahn genießt unter Eisenbahnfreunden einen legendären Ruf für ihre hochwertigen Zugläufe hinter bekannter Lokomotiven, wie etwa der bayerischen S 3/6 (BR 18.4). Im Jahr 1965 kam die V 200 auf die Strecke und verdrängte nach und nach die Dampfloks. Noch gilt die Bahnlinie als Domäne der BR 218, die zuweilen in Doppeltraktion z. B. den EC 196/197 München–Zürich befördert. Typische Vertreter des Regionalverkehrs sind die Triebwagen der Baureihen 612, 628 und 642. Seit dem 9. Dezember 2007 verkehrt hier außerdem der ALEX, der Arriva-Länderbahn-Express, im Taktverkehr.

Die Entstehungsgeschichte der bayerischen Allgäubahn reicht in die Frühzeit der Eisenbahn zurück. Nach den Vorgaben des Eisenbahngesetzes vom 25. August 1843 baute Bayern die Ludwigs-Süd-Nord-Bahn, die einmal Hof mit Lindau verbinden sollte. Als erstes Teilstück der künftigen Allgäubahn ging der Abschnitt Buchloe–Kaufbeuren nach einjähriger Bauzeit am 1. September 1847 in Betrieb – erstmals schnaufte ein Zug durch das Allgäu. Am 1. April

▲ *Am Abend des 5. Januars 2011 ist ein ALEX-Zug nahe Kottgeisering unterwegs. Aufgrund der herrlichen Fernsicht sind die Alpen bereits von hier aus sichtbar.*

1852 erreichte die Bahnstrecke Kempten und seit dem 1. Mai 1853 ging es schon weiter bis Immenstadt. Mit der Fertigstellung des Oberstaufener Tunnels erreichte die Bahnlinie am 1. Oktober 1853 Oberstaufen. Wenig später traf der erste offizielle Zug am Bodensee ein und eröffnete damit am 12. Oktober 1853 den Gesamtbetrieb zwischen Augsburg und Lindau–Aeschach. Bereits am 1. Mai 1854 konnte der reguläre Zugverkehr von Hof bis Lindau aufgenommen werden. In Kempten erhielt die Allgäubahn am 1. Juli 1863 den Anschluss über Memmingen nach Ulm. Aber noch stand die direkte Verbindung zur Landeshauptstadt München aus, denn die Züge nahmen von Lindau den Umweg über Buchloe nach Augsburg und von dort nach München. Schließlich gingen die Relation Buchloe–Kaufering am 1. November 1872 und die Strecke München–Kaufering am 1. Mai 1873 in Betrieb. Die Allgäubahn erwies sich als großer Erfolg, denn das Verkehrsaufkommen übertraf alle Erwartungen. Im Jahr 1907 wurde die Bahnlinie endlich zweigleisig ausgebaut. Mehr als 100 Jahre später gibt es immer noch ein Modernisierungsziel: Die Allgäubahn soll elektrifiziert werden. Damit wird die Strecke ihr Gesicht deutlich verändern. Bislang sind nur die Abschnitte Geltendorf–Buchloe (26 km) und Hergatz–Lindau (23 km) mit Fahrdraht überspannt. (LW)

▲ *Welch ein eiskalter Wintermorgen: Am 27. Dezember 2013 rollt bei Ratholz ein ALEX-Zug über die Allgäustrecke.*

◀ *Ein ungemütlicher Wintertag im Allgäu: Ein 612er-Triebwagen fährt am 30. Dezember 2011 bei Ratholz über die KBS 970. In Kürze ist Immenstadt erreicht.*

▶ *Winterstimmung wie im Bilderbuch: Am Morgen des 28. Dezember 2011 ist ein ALEX-Zug auf der Allgäustrecke bei Ratholz unterwegs.*

▲ *Am Nachmittag des 23. Januars 2011 glänzt ein Regionalexpresszug nördlich von Oberstaufen in der Sonne.*

▲ *Vormittags fährt täglich ein EuroCity-Zug (EC 196) der Relation München–Zürich über Kempten anstatt wie gewohnt über Memmingen. Dieser Zug, gebildet aus zwei Loks der Reihe 218 und Wagen der SBB, wurde am 23. Januar 2011 nördlich von Oberstaufen aufgenommen.*

Seit 1998 verbindet die Bayerische Oberlandbahn (BOB) die Landeshauptstadt München mit den in den bayerischen Alpen gelegenen Endstationen Bayrischzell, Lenggries und Tegernsee. Da diese Strecken südlich von Holzkirchen nicht elektrifiziert sind, verkehren im gesamten BOB-Netz Diesel-Triebwagen.
Die meisten Züge bestehen von München bis Holzkirchen aus drei gekuppelten Einheiten. In Holzkirchen wird der Zug ein erstes Mal geflügelt, in Schaftlach ein zweites Mal. Auf der Rückfahrt nach München werden die Triebwagen in Schaftlach und Holzkirchen wieder verbunden. Am 16. Januar 2011 ist VT 108, ein Triebwagen vom Typ Integral, als BOB 86980 auf der Strecke Holzkirchen–Bayrischzell (KBS 955) unterwegs. Die beiden Aufnahmen zeigen das Fahrzeug bei Aurach (oben) und Agatharied.

Die König-Ludwig-Bahn Biessenhofen–Füssen (KBS 974) wird bereits auf Seite 9 ausführlich beschrieben. Im Jahr 2008 verkehrten noch regelmäßig Triebwagen der Baureihe 628.2 auf der Strecke. Am 24. Februar 2008 brummt bei Weizern-Hopferau eine Doppeleinheit vor eindrucksvoller Bergkulisse durch das Ostallgäu. Auf derselben Bahnlinie ist am 13. Oktober 2013 die Diesellok 218 387 mit der Regionalbahn 57345 auf dem Weg nach Augsburg. Unweit von Hopferau führt die Strecke am Hopfensee vorbei, der für die 1975 gebaute Lok, die seit ihrer letzten Hauptuntersuchung wieder das klassische Rot der Deutschen Bundesbahn trägt, den malerischen Hintergrund bildet.

▶ Auf dem Weg von München nach Wien ist der ÖBB-Railjet RJ 261 am Abend des 16. Juni 2013, als er kurz vor Rosenheim die kleine Ortschaft Aubenhausen passiert. Der Zug wirbt mit einer Sonderlackierung für die Ski-Weltmeisterschaft 2013 in Schladming.

◀ Im Mai 1967 nahmen die ÖBB den Verkehr mit sogenannten Korridorzügen zwischen Salzburg und Kufstein auf.
Die Züge fuhren von Salzburg nach Rosenheim und wendeten dort für die Weiterfahrt nach Kufstein, wobei das Ein- und Aussteigen verboten war. Die 1982 eröffnete Rosenheimer Kurve sorgte schließlich dafür, dass die ÖBB-Korridor-Züge im Bahnhof Rosenheim nicht mehr Kopf machen mussten.
Bei Bernau am Chiemsee wird das Alpenpanorama erst in den Abendstunden ins »rechte Licht« gerückt. Elegant legte sich am 30. August 2008 hier die 1116 200 mit OEC 568 (Wien Westbahnhof–Bregenz) in die Kurve.

Die Lukrative

Der rasche württembergische Bahnbau zwang Bayern zum Handeln: In Ulm wollte Bayern seine Ludwigs-Süd-Nord-Bahn an die württembergische Filstalbahn anschließen (bayerisch-württembergischer Staatsvertrag vom 25. April 1850). 1851 entschloss sich Bayern dazu, gleichzeitig eine Ost-West-Eisenbahnverbindung nach Österreich herzustellen. Man erhoffte sich einen Anteil an der daraus entstehenden Verkehrsachse Paris–Wien. Diese Bahnstrecke wurde dem bayerischen König Maximilian II. zu Ehren Maximiliansbahn genannt.
Der östliche Streckenabschnitt der Bayerischen Maximiliansbahn sollte nach Salzburg (und von dort weiter nach Wien) sowie nach Kufstein führen. In dieser Hinsicht hoffte Bayern auf einen lukrativen Anschluss an den österreichischen Adriahafen in Triest (über den Semmering, denn Österreich trieb bereits den Bau der Linie Wien–Triest sowie Innsbruck–Verona voran). Da die Schweiz zu dieser Zeit noch keine Alpenbahnstrecken baute, musste der Verkehr nach Osteuropa zwangsläufig über die Maximiliansbahn rollen. 1851 schloss das Königreich Bayern einen entsprechenden Vertrag mit der Donaumonarchie, in dem auch der Bau weiterer Verbindungen nach Böhmen und Tirol festgelegt wurde.

▲ *Nicht weit von Tattenhausen liegt das Dorf Haus an der Strecke München–Rosenheim, wo die Alpen ein schönes Panorama bieten. Die Aufnahme vom 10. Juli 2010 zeigt eine Lok der ÖBB-Reihe 1216 vor einem Nachtzug.*

Den Bau des östlichen Streckenteils München–Salzburg legte das bayerische Eisenbahngesetz vom 7. Mai 1852 fest. Es sah vor, bis zum 1. März 1856 eine Bahn München–Salzburg (mit Verbindung zur Semmeringbahn) sowie eine Zweiglinie Rosenheim–Kufstein (mit Anschluss an Brennerbahn bei Innsbruck) herzustellen.
Zwar wurde 1852 mit den Bauarbeiten begonnen, aber die Fertigstellung der Strecken verzögerte sich: Der Abschnitt München–Großhesselohe wurde am 24. Juni 1854 eröffnet, Rosenheim war am 31. Oktober 1857 erreicht.

▲ *Flintsbach am Inn ist verkehrstechnisch gut erschlossen. Es gibt es eine Bahnstation an der Bahnstrecke Rosenheim–Kufstein, die im Stundentakt ausschließlich von Regionalbahnen bedient wird. Es bestehen Linienbusverbindungen in Richtung Rosenheim und Kufstein sowie mit der »Wendelstein-Ringlinie«. Die Ortschaft grenzt unmittelbar südlich an die größere Nachbargemeinde Brannenburg (siehe gegenüberliegende Seite). Die Staatsstraße 2089 und auch die Bundesautobahn 93 führen durch die Gemeinde. Nach Rosenheim sind es von hier 17 km und nach Oberaudorf 10 km. Davon lässt sich der Taurus 1016 048 aber nicht weiter beeindrucken, als am 19. Juli 2008 mit einem Güterzug durch Flintsbach fährt.*

Bis Traunstein ging es seit dem 7. Mai 1860. Das Reststück Traunstein–Landesgrenze Richtung Salzburg konnte am 1. August 1860 eröffnet werden.
Der Erfolg ließ nicht lange auf sich warten: Die Bahn war so stark frequentiert, dass schon 1862 der Abschnitt München–Rosenheim zweigleisig ausgebaut werden musste. Bis 1910 wurde die Strecke für eine Achslast von 16 to ausgerüstet und bis 1916 elektrifiziert. (WK)

▲ *Durch das landschaftlich reizvoll gelegene Brannenburg zieht 1144 217 am 2. April 2011 einen Zug des Kombinierten Verkehrs, besser bekannt als Huckepack-Verkehr. Die Stadt liegt am nördlichen Alpenrand im Inntal auf 509 m ü. NN, wenige Kilometer nördlich der österreichischen Grenze, am Fuße der Hochsalwand und des Riesenkopfes. Von Brannenburg aus fährt die Wendelsteinbahn auf den bekannten Wendelstein. Ebenfalls populär und vor allem bei Motorradfahrern beliebt ist die kurvenreiche Sudelfeldstraße, eine mautpflichtige Verbindung, die vorbei am Wasserfall Tatzelwurm nach Bayrischzell führt.*

◀ *Zwei interessante Loks traf der Fotograf bei Niederaudorf: Zum Bestand des privaten Eisenbahn-Verkehrsunterneh mens »Centalbahn AG« gehören zwei Re 4/4 I aus der Schweiz. Sie ziehen am 12. Januar 2012 den Sonderzug DLR 91334 über die KBS 950.*

◀ *Am 13. April 2013 passiert 1116 130 in der Sonderlackierung »Frontrunner« mit dem ÖBB-IC 961 die Fotostelle.*

▲ *Auf der Gemarkung der Gemeinde Flintsbach liegt die Ruine der Burg Kirnstein, einer Spornburg auf 520 m ü. NN. Die Burg befindet sich am Osthang des Wildbarrens im Inntal, der den Hintergrund für diesen Huckepack-Zug bildet, gezogen von zwei italienischen Loks der Reihe 412, die noch eine Maschine der Reihe 189 aus dem MRCE-Lokpool im Schlepp haben.*

Am Chiemsee entstanden diese beiden Aufnahmen: Mit einer interessanten Zugkomposition rollt 218 423 am 19. Mai 2012 bei Bernau über die Strecke Rosenheim–Salzburg. Bei Weisham, nur wenige Kilometer davon entfernt, bildete 111 039 am 29. Mai 20[illegible]1 mit dem RE 79032 einen interessanten Kontrast zum Seepanorama.*

▲ *Diesem farbenfrohen Zug begegneten wir schon auf Seite 34: Am Abend des 31. Juli 2013 rollt 1116 249 mit dem ÖBB-Railjet RJ 261 München–Wien über die Rosenheimer Innbrücke. Mit seiner Sonderlackierung wirbt der Zug für die Ski-Weltmeisterschaft 2013 in Schladming.*

Über den Brenner
Weg zum Mittelmeer

2.

Bindeglied

Die Brennerbahn verbindet seit 1867 die Tiroler Landeshauptstadt Innsbruck mit Bozen bzw. Verona. Baubeginn der Strecke war im Jahre 1864. Betreiber war zunächst die Südbahngesellschaft, eine österreichische Aktiengesellschaft, die zahlreiche Bahnstrecken in Österreich und Österreich-Ungarn erbaute und betrieb.
Der bekannte Ingenieur Karl von Etzel bekam den Auftrag zum Bau der Strecke. Die Bahnlinie über den Brenner wurde bereits 1836 diskutiert. Professor Franz X. Riepl wollte damit eine engere Verbindung der Adriahäfen Venedig und Triest an Österreich erreichen.
Weil die Brennerbahn auf langen Streckenabschnitten eine Steigung von 25 Promille hat, wurde schon recht bald erwogen, einen »Brenner-Basis-Tunnel« mit einer Länge von ca. 55 km zwischen Patsch in Österreich und Franzensfeste in Italien zu bauen.
Die Maximalsteigung der Brennerbahn beträgt 31 Promille, ihre minimalen Kurvenradien betragen 264 Meter. Erstmals wurden Kehrtunnel gebaut, um die Höhendifferenz zwischen Innsbruck und Brenner zu überwinden.
Bis 1928 wurde der österreichische Abschnitt zwischen Innsbruck und Brennersee mit dem in Österreich, Deutschland und der Schweiz üblichen Stromsystem 15 kV, 16 2/3 elektrifiziert. Ungefähr zur gleichen Zeit hatte die Ober-

▲ *Etwa 17 km südlich von Innsbruck, im nördlichen Teil des Wipptals liegt Matrei. Am 4. Mai 2008 passiert 1116 036 mit dem aus italienischem Wagenmaterial gebildeten IC 87 die Ortschaft, die mit ihrem geschlossenen Ortskern, der einige reich verzierte Bürger- und Gasthäuser aufweist, gemessen an ihrer Fläche die zweitkleinste Gemeinde Österreichs ist. Anlässlich der Fußball-Europameisterschaft 2008 trägt die Lok die Sonderlackierung »Deutschland«.*

leitung von Bozen her den Bahnhof Brenner erreicht, allerdings wurde hier eine Gleichspannung von 3 kV verwendet. Erst 1934 trafen sich beide Systeme am Grenz-Bahnhof Brenner. Elektrisch bespannte Reisezüge nicht durchfahren, denn die vorhandenen Loks konnten nicht beide Stromsysteme verarbeiten. Dies wurde erst durch die modernen Mehrsystemloks möglich, die heute von München bis nach Verona fahren. Der steigende Verkehr auf der Brennerbahn zeigte bald die Schwächen der Strecke. Enge Kurvenradien, starke Steigungen und das Umspanne der Züge an der Grenze führten zu kurzen Zügen, die häufig mit mehreren Loks bespannt und nachgeschoben werden mussten sowie zu niedrigen Geschwindigkeiten. Die einzige Möglichkeit diese Mankos zu beseitigen, bestand in der Modernisierung der Strecke. Dazu gehörte die

▲ *Bereits in Römischer Zeit wurde Gries am Brenner erwähnt. Mit dem Sonderzug 97901 fährt 103 184 am 7. Juni 2009 an der Gemeinde vorbei, die zum Bezirk Innsbruck Land im Bundesland Tirol gehört.*

▲ *Bei St. Jodok schwenkt die Brennerbahn ins Valsertal. Am 14. Juni 2009 hat 103 184 mit dem Sonderzug 91301 den Ort durch die berühmte 180°-Kurve umrundet und verlässt das Tal wieder.*

1994 fertig gestellte Umfahrung von Innsbruck mit einem 12,75 km langen Tunnel, der es ermöglicht, dass Güterzüge ohne den Bahnhof zu berühren in Richtung Italien und Deutschland fahren können.
Die Brennerbahn führt von Innsbruck durch den Tunnel unter dem Bergisel nach Süden. Nun folgt sie der Sillschlucht ins Wipptal. Bei St. Jodok schwenkt die Bahn ins Valsertal, umrundet den Ort mit einer 180°-Kurve und verlässt das Tal wieder. Im Grenzbahnhof Brenner werden noch die Lokomotiven gewechselt. Die Trennstelle befindet sich in etwa in der Bahnsteigmitte. Deshalb rollen einfahrende Lokomotiven mit bereits gesenktem Stromabnehmer über die Trennstelle in den anderen Spannungsbereich. Dort werde sie von einer Rangierlok abgezogen und wieder unter den Fahrdraht mit der benötigten Spannung zurückgedrückt.

▲ *Ein Triebwagen der Baureihe 4024 061 passierte am 21. August 2013 die wohl bekannteste Fotostelle Österreichs, die Kehrschleife in St. Jodok am Brenner. In Kürze erreicht der Triebwagen den sichtbaren Haltepunkt gleichen Namens.*

Nach dem Bahnhof Brenner steigt die Strecke über Sterzing, Franzensfeste und Brixen nach Bozen ab. In Franzensfeste zweigt die Pustertalbahn nach Lienz ab und ab Bozen führt die Vinschgaubahn nach Meran. 2005 wurde sie unter der Federführung der Südtiroler SAD Nahverkehrs AG bis Mals verlängert. Zwischen 1915 und 1960 zweigte in Klausen die schmalspurige Grödnertal-Bahn in das gleichnamige Seitental ab. Ab Bozen folgt die Trasse der Brennerbahn der Etsch und weist keine größeren Steigungen mehr auf. (KJK)

▲ *1116 094 und die 1216 008 hatten am 21. August 2013 die Aufgabe den Arcese-KLV bis zum Bahnhof Brenner zu bringen. Der Zug durchfährt in Kürze den Haltepunkt St. Jodok am Brenner. Im Vordergrund fließt der Valser Bach der seinen Ursprung im 2998 m hohen Kraxentrager-Gebirge hat.*

railjet
railjet
railjet

Wenige Kilometer vor Wörgl liegt die Gemeinde Kirchbichl an der Unterinntalbahn Kufstein–Innsbruck. Als ein Railjet-Zug am 16. März seinem Ziel entgegeneilt, hat sich das Inntal in eine malerische Schneelandschaft verwandelt.

Die Unterinntalbahn von Kufstein nach Innsbruck wurde als erste westösterreichische Eisenbahnstrecke am 24. November 1858 eröffnet, nachdem ihr Bau schon 1853 von Kaiser Franz Joseph I. angeordnet worden war. Ein wichtiger Bahnhof an der normalspurigen Bahnstrecke ist die Station Jenbach. Er bindet die Marktgemeinde Jenbach in Tirol an den Schienenfernverkehr an und ist Ausgangspunkt der Zillertalbahn mit Bosnischer Spurweite (760 mm) sowie der meterspurigen Achenseebahn. Jenbach ist somit der einzige Bahnhof in Österreich, in dem drei unterschiedliche Spurweiten zusammentreffen. Bei Jenbach verläuft die Bahnlinie nahe am Inn, der hier ein schönes Flusspanorama bietet, wie die Fotos auf diesen beiden Seiten beweisen. Die Aufnahme links zeigt einen Zug des Kombiverkehrs, gezogen von 185 662 und -664 des Eisenbahn-Verkehrsunternehmens Lokomotion. Auf der rechten Seite ist 186 108 von Railpool an der Spitze eines weiteren Huckepackzuges zu sehen.

▲ *Die Zillertalbahn gehört zu den bekanntesten Schmalspurbahnen Europas. Nicht zuletzt, weil hier noch täglich Dampfloks zum Einsatz kommen. So auch am 9. Oktober 2010, als sich Lok 4 (ex JZ 83 076) mit ihrem stilechten Personenzug Zell am Ziller nähert.*

Die Populäre

Obwohl sie keine spektakulären Steigungen aufweist und ohne größere Kunstbauten wie Brücken oder Tunnel auskommt, gehört die Zillertalbahn zweifellos zu den bekanntesten Alpenbahnen. Die 31 km lange Schmalspurbahn verbindet Mayrhofen im Zillertal mit dem an der Hauptstrecke Innsbruck–Kufstein gelegenen Jenbach. Sie überwindet dabei einen Höhenunterschied von nur 97 m.

Schon Mitte des 19. Jahrhunderts entstand die Idee eine Eisenbahn durch das Zillertal zu bauen, denn die vorhandene Straße war dem ständig zunehmenden Verkehrsaufkommen nicht mehr gewachsen und konnte wegen des sumpfigen Untergrunds im Tal auch nicht ohne größeren Aufwand ausgebaut werden. Doch es dauerte noch bis in die 1890er Jahre, ehe der Bau einer Bahn beschlossen wurde und 1900 begannen endlich die Arbeiten an der Strecke. Ende Juli 1902 konnte die Strecke zwischen Jenbach und Mayrhofen dem Verkehr übergeben werden.

Zuvor hatte man verschiedene Streckenführungen diskutiert, so von Brixlegg aus entlang des rechten Zillerufers oder eine Verbindung zur Krimmler Bahn über Gerlos.

▲ *In der langgezogenen Kurve bei Schlitters begegnet uns am 18. Oktober 2011 der Triebwagen VT 8 als R 151.*

Auch die Frage der Spurweite stand zu Debatte. Hier gab man aus militärischen Gründen der Bosnische Spurweite 760 mm vor der Normalspur mit 1.435 mm den Vorzug.

Anfang der 1920er-Jahre kaufte die Zillertalbahn-Actiengesellschaft zwar ein Elektrizitätswerk, aber die Zillertalbahn wurde nicht elektrifiziert. 1928 beschaffte die Bahn ihren ersten Triebwagen mit Verbrennungsmotor. Er konn-

te sich mit seinem benzol-elektrischen Antrieb aber nicht durchsetzen und es folgten mehrere Dieseltriebwagen. Mitte der 1960er Jahre stand zum ersten Mal die Stilllegung der Zillertalbahn zur Debatte, denn durch den Ausbau der mehr oder weniger parallel verlaufenden Straße glaubte man auf die Bahn verzichten zu können. Zu gleichen Stand entstand aber ein Speicherkraftwerk in Mayrhofen und die Bahn wurde bis 1971 zum Transport des Baumaterials genutzt. Dafür wurden sogar zwei Diesellokomotiven und mehrere Rollböcke angeschafft, auf denen die beladenen Regelspurgüterwagen direkt zur Baustelle gebracht werden konnten.
1980 begann eine grundlegende Modernisierung der Zillertalbahn. So wurden die alten Fahrzeuge im Regelbetrieb durch Dieseltriebwagen ersetzt. Seit 2003 ist die neue, verstärkte Innbrücke bei Rotholz befahrbar und ab 2007 wurden einige Streckenabschnitte der Bahn zweigleisig ausgebaut. Heute hat die Zillertalbahn mehrere Standbeine: Zum einen gibt es einen planmäßigen Personenverkehr im 30-Minuten-Takt, zum anderen fahren in den Sommermonaten besonders für Touristen zahlreiche mit Dampfloks bespannte Sonder- und Regelzüge. Die weitere Einnahmequelle der Bahn ist der Holztransport aus den umliegenden Bergen. Der Güterverkehr wird mit Rollwagen und Normalspurgüterwagen abgewickelt. Neben einer Flotte moderner Diesellokomotiven und Triebwagen verfügt die Zillertalbahn über mehrere betriebsfähige Dampflokomotiven, mit denen »Dampfbummelzüge« als ergänzendes touristisches Angebot geführt werden.
Die Triebwagen VT 3–8 wurden zusammen mit Steuer- und Zwischenwagen in den 1980er und 1990er Jahren beschafft und leiteten die grundlegende Modernisierung der Zillertalbahn ein. (LW)

◀ *Alpenländische Idylle, gesehen am 25. Dezember 2012 bei Strass im Zillertal.*

Die 1889 eröffnete Achenseebahn ist fast so bekannt wie die Zillertalbahn. Die Schmalspur-Zahnradbahn mit einer Spurweite von 1.000 mm führt von Jenbach zum Seespitz am Achensee. In Jenbach hat die Bahn Anschluss ans normalspurige ÖBB-Netz sowie an die Zillertalbahn. Außerdem befindet sich hier mit dem Lokschuppen und der Werkstatt der Betriebsmittelpunkt der Achenseebahn.

◀ *Am 5. Juli 2008 rangiert der Dampfzug der Zillertalbahn in Mayrhofen.*

▶ *Frühling wie im Bilderbuch: Aufgenommen am 18. Mai 2009 in Maurach.*

▼ *An diesem verregneten 15. Mai 2010 dampft die Achenseebahn bei Maurach.*

See-Weg

Eigentlich ist sie nicht spektakulär, weist die Attergaubahn doch keine starken Steigungen oder aufwendige Brücken und Tunnel auf. Trotzdem gehört sie zu den echten Kleinodien in der Alpenregion. Das liegt vor allem an der Schönheit der Landschaft, die sie durchquert. Die 13,4 Kilometer lange Schmalspurbahn mit der Spurweite von einem Meter verbindet die Ortschaft Vöcklamarkt an der Westbahnstrecke Wien–Linz–Salzburg mit Attersee am gleichnamigen See und besitzt deshalb eine große Bedeutung für den Fremdenverkehr in der Region.
Eröffnet wurde die Lokalbahn mit der Spurweite von einem Meter am 14. Januar 1913. Sie wird mit 750 V Gleichstrom betrieben. Weil bereits um 1900 der Fremdenverkehr am Attersee bedeutend war, baute man schon im Jahr 1907 eine Straßenbahnverbindung zwischen Unterach am Attersee und See am Mondsee. Zur Anbindung von St. Georgen im Attergau, der größten Gemeinde am Attersee, an das Schienennetz von Österreich-Ungarn, entschied man sich schließlich für den Bau einer Lokalbahn. Die Konzession erhielt die Nebenbahn am 6. April 1912 (RGBl Nr.72).
In der ÖBB-Eilzugstation Vöcklamarkt werden die wichtigsten Anschlüsse hergestellt. Zwischen Personen- und Güterbahnhof befindet sich ein Gleisdreieck, das bei Güterzügen und Beiwagenbetrieb den Verschub erleichtert. Der Güterverkehr war einst sehr umfangreich, es gab Lang- und Schnittholz-, Grubenholz-, Dünger- und sogar Biertransporte mit einem Kühlwagen der Brauerei Zipf. Heute ist nur mehr der Schnittholztransport von einiger Bedeutung, es überwiegt der Personenverkehr für Schüler, Pendler und der sanfte Tourismus.
Die Lokalbahn Vöcklamarkt-Attersee AG befindet sich zu 75,9 % im Besitz der Stern & Hafferl Verkehrsgesellschaft m.b.H. und zu 10,5 % im Besitz des Landes Oberösterreich (OÖ Verkehrsholding) sowie anderen Anteilseignern.
Im Januar 2014 unterzeichnete Stern & Hafferl einen Vertrag mit der Firma Vossloh über die Lieferung elf neuer Fahrzeuge vom Typ TramLink für die StadtRegioTram Gmunden und die Attergaubahn. Anfang 2016 sollen zwei Triebwagen erstmals zwischen Vöcklamarkt und Attersee zum Einsatz kommen. Bis dahin verkehren noch drei aus der Schweiz stammende Altbau-Triebwagen. ET 26.110 fertigten Schindler Waggon Schlieren (SWS) und die Maschinenfabrik Oerlikon (MFO) für Sernftalbahn. Über die Chemins de fer Aigle-Ollon-Monthey-Champéry (AOMC) gelangte 1985 in den Attergau. Dort war er auch am 15. Mai 2013 noch im Plandienst, als diese Aufnahmen in Hipping (oben) und am Attersee entstanden. (KJK)

VÖCKLAMARKT
stern hafferl
26 110

▲ *Sankt Valentin und Krems verbindet die rund 107 Kilometer lange Donauuferbahn. Landschaftlich besonders reizvoll ist der 34 Kilometer lange Streckenabschnitt zwischen Krems und Emmersdorf an der Donau, denn er führt durch die wunderschöne Wachau. Somit überrascht es nicht, dass die Donauuferbahn in diesem Abschnitt auch als Wachaubahn und manchmal auch Wachauer Bahn bezeichnet wird. Zumal sie als Kulturdenkmal zur Welterberegion Wachau gehört. Den Verkehr lässt hier seit dem 16. April 2011 die Niederösterreichische Verkehrsorganisationsgesellschaft m.b.H. (kurz NÖVOG) von der Wiener Lokalbahnen als saisonalen Touristikbetrieb führen. Es verkehren an Sommerwochenenden täglich drei Zugpaare.*
Die in St. Pölten beheimatete NÖVOG hat die Aufgabe, die sogenannten Wieselbusse, Wieselbahnen sowie Bergbahnen in Niederösterreich zu betreiben.
Für die Wachaubahn ließ sie 2011 eine Zuggarnitur bestehend aus 2043 024 und drei Schlierenwagen im Graffiti-Design neu gestalten, die am 2. Oktober 2011 als R 16904 Aggsbach Markt unterwegs war.

▲ Die Arlbergbahn (siehe Seite 7) verbindet Innsbruck in Tirol und Bludenz in Vorarlberg. Damit stellt die Gebirgsbahn ein Bindeglied zwischen Brenner- und Vorarlbergbahn dar. Anlässlich der 150 Jahrfeier »Eisenbahn in Tirol« fand im August 2008 eine Lokparade mit 16 EM-Werbeloks in Wörgl statt. Als »Gäste« waren auch die historisch erhaltenen 1020 042 und 1670 104 samt einer INOX- Wagengarnitur aus dem schweizerischen Oberriet zugegen. Die Rücküberführung des Zuges wurde am 26. August bei Flirsch am Arlberg auf den Chip gebannt.

▲ *Eines der eindrucksvollsten und deshalb auch bekanntesten Fotomotive der Arlbergbahn ist die 87 m hohe und 230 m lange Trisannabrücke bei Landeck. Am 26. August 2008 überquert eine 1144, die auch unter dem Spitznamen »Alpenstaubsauger« bekannt ist, mit einem IC in Richtung Innsbruck das Bauwerk.*

◀ *Für EUC 40646 aus Hall in Tirol waren am 11. August 2000 gleich drei Loks notwendig: 1044 103 als Vorspann, 1110 522 als Zuglok und 1044 117 als Schublok, aufgenommen bei St. Jacob. In Bildmitte rechts ist schon die neue Streckenführung nach St. Anton auszumachen.*

▶ *1044 029 mit IC 669 (Lindau–Graz) am 8. August 2000 bei Schönwies.*

▲ *Am 10. August 2000 konnte 1044 018 mit EC 160 (Innsbruck–Bregenz) auf der Trisannabrücke zwischen Strengen und Pians fotografiert werden.*

1[illegible]. August 2000: Blick über Imsterberg mit 1044 253 samt R 5[illegible]24 (Innsbruck–Landeck) sowie die 2723 m hohe Hintere- und 2565 m hohe Vordere-Platteinspitze in der Ferne.

▲ *Fünf Kilometer südöstlich der Stadt Imst in Tirol liegt zwischen den Mündungen der Pitze und der Ötztaler Ache, die hier in den Inn münden, die Gemeinde Roppen. Mit dem Güterzug 55442 passiert am 8. Oktober 2008 die Lok 1216 226, die anlässlich der Fußball-Europameisterschaft die Farben Tschechiens trägt, die Ortschaft mit 1689 Einwohnern.*

▲ Durch das reizvolle Stanzer Tal zwischen Landeck und dem Arlberg fährt am 13. Juni 2009 bei Pettneu ein Triebzug der Baureihe 411 als ICE 560. Die Gemeinde Pettneu, die an die vier Nachbargemeinden Flirsch, St. Anton am Arlberg, Kappl und Kaisers grenzt, besteht aus dem Hauptort Pettneu und dem östlich gelegenen Ort Schnann sowie weiteren Weilern.

Die Erste

Noch immer ist eine Fahrt mit der weltbekannten Semmeringbahn ein Erlebnis. Eigentlich ist sie ein Abschnitt der österreichischen Südbahn. Ihre Strecke führt von Gloggnitz über den Semmering nach Mürzzuschlag. Die 1854 eröffnete Semmeringsbahn war die erste normalspurige Gebirgsbahn Europas. Strecke und Lokomotivbau der Semmeringbahn gelten als Meilensteine der Eisenbahngeschichte. Sie war der spektakulärste, aber nicht der letzte Abschnitt der Bahnverbindung von Wien zum Mittelmeer. Seit 1998 gehört sie zum UNESCO-Welterbe. (JR)

▲ *»Alt« hilft »Neu«: 1142 677 in Doppeltraktion mit einer Lok der Reihe 1116 vor einem schweren Güterzug bei Breitenstein am 7. April 2009.*

▶ *Am 6. April 2009 konnte 1044 089 mit OIC 535 Wien Südbf–Lienz(A) bei Breitenstein auf dem »Kalte Rinne«-Viadukt angetroffen werden.*

▲ *Blick in die Ferne bei Klamm mit dem am 7. April 2009 bergwärts fahrenden Triebwagen 6020 280 als R 2965 Payerbach Reichenau - Mürzzuschlag.*

▲ *144 240 müht sich am 6. April 2009 mit OIC 559 (Wien Südbf-Graz) solo in der Steigung bei Eichberg ab.*

Bahn für Kohle

Die Graz-Köflacher Eisenbahn gehörte zu den ersten Kohlenbahnen auf dem Territorium der österreichisch-ungarischen Doppelmonarchie. Heute ist das Unternehmen die größte öffentliche Privatbahn Österreichs. Es begann im Jahr 1854, als die Voitsberg-Köflach-Lankowitzer Steinkohlengewerkschaft gegründet wurde. Um die Braunkohle abzutransportieren, musste eine Eisenbahn gebaut werden. Nachdem am 26. August 1855 die Konzession zum Bau einer für den Personen- und Frachtentransport bestimmten Lokomotiveisenbahn von Köflach nach Graz erteilt worden war, begann schließlich im April 1857 der Bahnbau. Drei Jahre später, am 3. April 1860, eröffnete man die neue Bahnlinie. Einige Jahre später wollte man auch die Lagerstätten der Braunkohle bei Eibiswald und Steyeregg erschließen. Deshalb beschloss die GKB den Bau einer Verbindung von Lieboch nach Wies, für die ihr am 8. September 1871 die Konzession erteilt wurde.
Schon am 1. Dezember 1872 erreichte auf den neuen Gleisen eine Lok Deutschlandsberg und am 12. Januar 1873 konnte die gesamte Strecke bis Wies befahren werden. Im April 1873 wurde die technisch-polizeiliche Prüfung vorgenommen und am 8. April 1873 wurde die Wieserbahn feierlich eröffnet.
Heute ist die Bahnlinie in das steirische Schnellbahnnetz als Linie S61 eingebunden. (WK)

▶*Am 30. September 2011 ist 218 256 mit einem S-Bahnzug bei Deutschlandsberg unterwegs. Deutschlandsberg hat 8109 Einwohner und ist die Bezirkshauptstadt des gleichnamigen Bezirkes in der Steiermark.*

GKB

In Normalspur wurde Übelbacherbahn, die Lokalbahn Peggau–Übelbach, in der Steiermark gebaut. Die 10 km lange Bahnlinie eröffnete die 1918 gegründete Aktiengesellschaft Lokalbahn Peggau–Übelbach am 3. September 1919. Als im Jahr 1942 die Aktiengesellschaft aufgelöst wurde, fiel ihr Vermögen an das Land Steiermark. Heute betreiben die Steiermärkischen Landesbahnen (STLB) die mit 15 kV Wechselstrom mit 16,7 Hz elektrifizierte Bahnlinie, die zum Verkehrsverbund Steiermark gehört. Unter der Oberleitung kommen moderne Fahrzeuge zum Einsatz, wie der

Triebwagen 4064 001 vom Typ GTW 2/6 , der am 27. September 2011 als R 8773 am Ortsteil Prenning Viertler der Gemeinde Deutschfeistritz vorbeirollte (unten). Allerdings hatte sich bereits 2010 das Zulassungsverfahren der GTW der Firma Stadler verzögert, sodass seit Dezember 2010 auch zwei Dieseltriebwagen der Reihe 5047 zum Einsatz kamen. So begegnete dem Fotografen am selben Tag 5047 020 als Regionalzug bei Übelbach (oben).

Interessante Fahrzeuge gab es am 29. September 2011 auf der Wieserbahn der GKB von Lieboch nach Wies-Eibiswald zu sehen: Als S 61 mit der Zugnummer 8558 verlassen die Triebwagen 5063 011-006 in Doppeltraktion die Station Wies Markt. Ein Dieselfahrzeug verkehrte auch hier unter der Oberleitung: Als S 6 ist Lok 2016 903 der Logistik- und Transport-GmbH (LTE) mit zwei Doppelstockwagen im Einsatz. Die Aufnahme entstand bei Deutschlandsberg.

▲ *Auf der Fahrt von Salzburg über die Salzburg-Tiroler Bahn nach Schwarzach-St. Veit fährt der 4024 020 auch durch die Ortschaft Sulzau.*

▲ Unweit von Bischofshofen zieht 1216 930 des in Linz beheimateten Eisenbahn-Verkehrsunternehmens Cargo Service GmbH (CargoServ) einen Güterzug über die Salzburg-Tiroler Bahn.

▲4010 019 als IC 515 (Innsbruck–Graz) kurz hinter Wörgl am 21. Juni 2008 auf der Salzburg-Tiroler-Bahn, die auch Giselabahn genannt wird.

Alle Jahre wieder verkehren die bekannten Skisonderzüge auf der Giselabahn zum »Hahnenkamm-Rennen« in Kitzbühl. Einer der zahlreichen Sonderzüge war am 26. Januar 2013 mit der 1110 522 der »ÖDEG« bespannt. Am Zugschluss lief als Unterstützung 139 133 der Firma »Lokomotion«. Bei klirrender Kälte wurde der Zug vom Fotografen bei Fieberbrunn vor der Kulisse des »Wilden Kaiser« erwartet.

▶ Zu den bedeutenden Bahnknoten der ÖBB zählt in Selzthal in der Obersteiermark, der die durchgehende Rudolfsbahn St. Valentin–Kastenreith–Kleinreifling–Selzthal–Schoberpass–St. Michael–Neumarkter Sattel–St. Veit an der Glan–Feldkirchen in Kärnten–Villach–Tarvisio Centrale (heute verläuft sie bis Tarvisio Boscoverde) mit der Pyhrnbahn nach Linz und der Ennstalbahn nach Bischofhofen verbindet. Die A1-Werbelok 1116 280 posierte am 8. April 2009 in der malerisch gelegenen Zugförderungsstelle (Zfst) Selzthal für den Fotografen Jan Welkerling.

◀ Durch den am 26. Oktober 2002 gegründeten Nationalpark Gesäuse führt die Bahnlinie von Selzthal nach Kleinreifling, die somit nicht grundlos den Beinamen »Gesäusebahn« trägt. Einer der wichtigsten Orte im Nationalpark ist die Gemeinde Admont, der Station 1142 596 am 8. April 2009 gerade mit dem R 3793 (Selzthal-Kleinreifling) verlässt.

◀ *Die Reihen 1041 und 1141 waren nach der Jahrtausendwende die Standard-Baureihe im Personenverkehr rund um Selzthal. Die Aufnahme vom 16.05.2002 zeigt die 1141.022 mit einem Personenzug nach Kleinreifling bei Admont.*

▼ *Am 20.02.1985 war die in Selzthal beheimatete ÖBB 1245.07 in Rottenmann mit einem Verschubgüterzug unterwegs. Die Reihe 1245 war damals im Raum Selzthal in verschiedensten Leistungen eingesetzt.*

▲ Die schmalspurige Feistritztalbahn wird regelmäßig von Dampfsonderzügen des Club U44 befahren. Am 15.11.2011 befuhren die aus Bosnien stammende 83-180 und die von der Zillertalbahn geliehene Lok 2 mit einem Sonderzug den Betonviadukt bei Hart-Puch.

◀ Die Steiermärkischen Landesbahnen haben für die Strecke Gleisdorf-Weiz zwei mit der ÖBB Reihe 5047 baugleiche Dieseltriebwagen beschafft. Der 5047.401 (StLB VT51) fuhr am 15.11.2011 aus Weiz kommend in die Haltestelle St. Ruprecht ein.

▲ *Die Reihe 1067 war mit ihrem hydraulischen Antrieb stets ein Sonderling unter den Elektrolokomotiven geblieben. Es wurden nur fünf Stück gebaut, die zuletzt in Selzthal beheimatet waren. Am 19.07.1988 war die 1067.004 mit einem kurzen Güterzug von Eisenerz nach Hieflau bei Jassingau unterwegs.*

▲ *Die letzten aktiven Exemplare der Reihe 1080 waren 1988 noch im Raum Selzthal mit lokalen Güterzügen unterwegs. So auch die 1080.007, die am 19.07.1988 aus Liezen kommend kurz vor Selzthal mit einem derartigen Güterzug aufgenommen wurde.*

▲ *Die sechsachsigen Lokomotiven der Reihe 1010 waren im Raum Selzthal Im Güterverkehr zwischen Linz und Bruck an der Mur anzutreffen. Die Maschinen waren damals in Linz beheimatet. Die 1010.018 erreichte am 19.07.1988 mit einem Getreidezug den Bahnhof Selzthal.*

Die Reihe 4030 war vor verschiedenen Personenzugleistungen rund um Selzthal anzutreffen. Wegen des geringen Fahrgastaufkommens waren zweiteilige Garnituren ohne Zwischenwagen ausreichend. Der 4030.224 war am 19.07.1988 bei Jassingau in Richtung Eisenerz unterwegs.

Die letzten Einsätze der Elektrotriebwagen der Reihe 4010 im Intercity-Verkehr erfolgte auf den Strecken von Graz über den Schoberpass nach Linz und Salzburg. Der 4010.010 war am 19.09.2008 mit dem Steuerwagen voraus bei Mautern in Richtung Graz unterwegs.

▲ *Von Selzthal nach St. Michael führt die rund 74 km lange Bahnlinie über den Schoberpass, die einstmals auch zur Rudolfsbahn gehörte. Die Bahnstrecke zwischen St. Michael und Trieben wurde am Morgen des 28. Februar 2009 von einer Lawine verschüttet und Oberbau wie Fahrleitung schwer in Mitleidenschaft gezogen. Der Personenverkehr wurde daraufhin im Busersatzverkehr zwischen St. Michael und Trieben abgewickelt und der Güterverkehr großräumig über Salzburg, dem Tauern und Villach umgeleitet. Als 1016 013 am 9. April 2009 die Stelle passierte säumte noch ein großes Trümmerfeld die Stelle.*

▲ *Mit 849 m ist der Schoberpass der niedrigste Übergang über den Alpenhauptkamm. Bei Wald am Schoberpass war am 9. April 2009 die 1016 039 mit einem Güterzug in Richtung St. Michael in der Obersteiermark unterwegs.*

▲ *Von der Brennerbahn zweigt in Franzensfeste die 1871 eröffnete Pustertalbahn ab, die über Bruneck und Toblach nach Innichen verläuft. Von dort führt die Drautalbahn über Villach weiter nach Maribor. Die Pustertalbahn – italienisch Ferrovia della Val Pusteria – ist eine normalspurige, eingleisige Hauptbahn. Am 12. Oktober 2008 rollt der Taurus 1216 004, der anlässlich der Fußball-Europameisterschaft die Farben Italiens trägt, in Franzenfeste mit dem REX 1871 über die 204 m lange Brücke über die Eisack.*

■ Entlang der Etsch von Meran nach Mals verläuft die Vinschgaubahn. Die italienisch Ferrovia della Val Venosta genannte 60 Kilometer lange normalspurige Nebenbahn wurde am 1. Juli 1906 eröffnet und war ursprünglich als Teilstück einer Alpentransversale westlich des Brenners, über den Reschenpass, geplant, die jedoch nie vollendet wurde. Sie wurde ursprünglich von der Actiengesellschaft »Vinschgaubahn« erbaut und betrieben und nach dem Ersten Weltkrieg durch die italienischen Staatsbahnen übernommen. Nach ihrer Schließung im Jahre 1990 und ihrer Wiedereröffnung 2005 wird sie zurzeit von der SAD Nahverkehr AG betrieben, die moderne Triebwagen vom Typ GTW 2/6 einsetzt. Am 11. Oktober 2012 passiert ATR 100 003 als RE 206 die Gemeinde Tschars (oben) und am selben Tag rollt die aus ATR 100 009-008 bestehende Doppeleinheit als R 114 bei Goldrain durchs Tal der Etsch.

◄ Salurn (ital. Salorno) liegt am italienischen Teil der Brennerbahn, etwa 30 km südlich von Bozen. Es ist nicht nur das größte Weißweinanbaugebiet, sondern auch die südlichste Gemeinde Südtirols. Am Ortskern vorbei fließt die Etsch, die das Unterland zweiteilt. Mit dem aus IC-79-Wagenmaterial gebildeten TEE 8 ist hier am 7. Oktober 2012 die E 656 033 der FS unterwegs. Der Sonderzug aus Dortmund ist auf dem Weg nach Rovereto.

▲ *An der Pustertalbahn liegt auch die Gemeinde Olang, deren Hauptsiedlungsflächen im Olanger Becken, einer Talweitung östlich von Bruneck, liegen. Südlich davon erhebt sich das insgesamt 48,95 km² große Gemeindegebiet zu den Bergen der Pragser Dolomiten. Durch diese herrlich Landschaft zieht am 12. Oktober 2008 der Taurus 1216 004 den REX 1871.*

▲ *Die Rittnerbahn (siehe Seite 13) ist eine Reise wert. Am 8. Oktober 2012 rollt der vierachsige Triebwagen ET 105 »Alioth« aus dem Jahr bei Wolfsgruben über die 6,5 km lange Strecke.*

Hausberg-Express

Die Schafbergbahn gilt als steilste Dampf-Zahnradbahn Österreichs. Durchschnittlich fahren jährlich rund 600.000 Urlaubsgäste mit der Bahn auf St. Wolfgangs Hausberg. Die ölgefeuerten Neubau-Dampfloks Z11-14 (SLM (Winterthur), Baujahre 1992 und 1995) benötigen 45 Minuten Fahrtzeit bis zum Gipfel, die älteren Maschinen (Baujahre 1893/94, sie gehören zu den weltweit ältesten Maschinen ihre Art) sind 60 Minuten unterwegs.
Erste Pläne für eine Zahnradbahn auf den Schafberg tauchten 1872 auf, doch wirtschaftliche Schwierigkeiten der Investoren ließen das Projekt zunächst scheitern. Erst im Sommer 1890 konstituierte sich die Salzkammergut-Localbahn-Aktiengesellschaft (SKGLB), die den Betrieb der geplanten Bahn übernehmen sollte. Die Bauarbeiten begannen im April 1892 und bereits am 1. August 1893 konnte die Schafbergbahn eröffnet werden. Nach dem Ersten Weltkrieg übernahmen die Österreichischen Bundesbahnen (BBÖ) kurzzeitig die Konzession, ehe die SKGLB 1927 wieder den Betrieb führte. Nach finanziellen Schwierigkeiten infolge der Weltwirtschaftskrise erwarb das Österreichische Verkehrsbüro die Bahn. Nach der Annexion Österreichs durch das Deutsche Reich im März 1938 gelangte die Schafbergbahn in den Besitz der DR. Seit 1942 ruhte der öffentliche Verkehr aus militärischen Gründen. Im Sommer 1945 nahm die Bundesbahnen den Betrieb wieder auf. Im Sommer 1964 kamen zwei Zahnrad-Triebwagen (von Simmering-Graz-Pauker (SGP), ÖBB-Reihe 5099, auf die Schafbergbahn. 2006 übernahm die Salzkammergutbahn GmbH (SKGB) als Tochtergesellschaft der Salzburg AG die Schafbergbahn zusammen mit der Wolfgangseeschifffahrt. Die SKGB reihte die beiden Triebwagen als VTZ 21 und 22 ein, von denen einer rechts vor dem Panorama des Wolfgangsees auf Bergfahrt zu sehen ist. (LW)

Die Älteste

Österreichs älteste 760 mm-Schmalspurbahn ist die ausschließlich mit Dampfloks betriebene Steyrtalbahn. Sie erhält ihren besonderen Reiz aus dem Zusammenspiel traditionsreicher Dampfzüge und verträumter Naturlandschaften.
Einstmals führte ihre Strecke von Garsten über Grünburg und Molln nach Klaus mit einer Stichstrecke von Pergern über Sierning nach Bad Hall in Oberösterreich. Heute wird die Steyrtalbahn von der Österreichischen Gesellschaft für Eisenbahngeschichte (ÖGEG) an Wochenenden, im Sommer und in der Adventszeit zwischen Steyr und Grünburg als Museumsbahn betrieben.
1888 erhielt Josef Ritter von Wenusch die Konzession für eine »als schmalspurige Localbahn auszuführende Locomotiveisenbahn von Steyr (Garsten) durch das Steyerthal bis Unter-Grünburg« mit eventueller Fortsetzung bis Klaus. Gleichzeitig wurde die Steyrtalbahn AG gegründet.

■ *Ende April 2013 erinnerte die ÖGEG an den einstmals bedeuten Güterverkehr der Steyrtalbahn. Zum Einsatz kam 1929 gebaute 498.04, die am 27. April 2013 durch Letten dampft. Die Maschine entstammt einer nach dem ersten Weltkrieg neu entwickelten Serie von Heiß-*

Schon am 19. August 1889 konnte die Strecke Garsten–Grünburg feierlich eröffnet werden, ein Jahr später, am 18. November 1890, die Verlängerung nach Agonitz. Gegen den Weiterbau bis Klaus gab es Widerstände, deshalb konzentrierte man sich bei der Steyrtalbahn zunächst auf den Bau der Flügelstrecke Pergern–Bad Hall, die am 1. Dezember 1891 (auf Basis der Konzessionsurkunde vom 21. September 1890) feierlich eröffnet wurde.
1902 wurde das Projekt der Verlängerung nach Klaus wieder aufgenommen. 1908 war Baubeginn, am 26. Oktober 1909 feierliche Eröffnung bei gleichzeitiger Betriebsfreigabe. Damit hatte das Netz der Steyrtalbahn mit 55 km seine größte Ausdehnung erreicht.
Der reguläre Verkehr endete 1982, als nach mehreren Teilstilllegungen auch die Reststrecke Garsten–Grünburg eingestellt wurde. Schließlich übernahm die ÖGEG den Abschnitt Steyr Lokalbahn–Grünburg und betreibt diesen seit 1985 als Museumsbahn mit Dampfzügen. (KJK)

dampflokomotiven mit einer Höchstgeschwindigkeit von 40 km/h, von der die Österreichischen Bundesbahnen (BBÖ) zunächst sechs Exemplare beschafften. Im Bahnhof Pergern (oben) zweigte früher die Strecke nach Bad Hall ab.

▲ *Die 498.04 rollte mit ihrem Güterzug bei Neuzeug durch die Frühlingslandschaft. Die ursprünglich auf der Pinzgaubahn beheimatete Lok gelangte über Einsätze auf Ybbsthal-, Waldviertel- und Bregenzerwaldbahn im Jahr 1964 ins Steyrtal. Hauptsächlich wurde sie dort für die Bespannung der Güterzüge im Abschnitt Molln–Klaus verwendet.*

▼ *Nachdem 498.04 im Jahr 1973 ausgemustert worden war, stellte man die Maschine zunächst als Denkmallok in St. Veit an der Glan auf. 1989 konnte die ÖGEG das Fahrzeug schließlich erwerben. Nachdem im Wesentlichen nur zwei Mitarbeiter die Lok in mehr als 18 Jahren aufgearbeitet haben, steht sie seit September 2012 wieder unter Dampf. Am 27. April bewies sie vor dem Güterzug ihre Leistungsfähigkeit. Die Aufnahme entstand in Aschach an der Steyr.*

▲ Beim Halt in Erlaufklause am 11. Juli 2008 trennen 1099 014 und den R 6832 nur noch wenige Kilometer vom Zielbahnhof Mariazell.

Die Himmelstreppe

Vielen gilt sie als die schönste Verbindung von Technik und Natur. Die Mariazellerbahn ist eine elektrifizierte Schmalspurbahn mit einer Spurweite von 760 Millimetern. Die Gebirgsbahn verbindet die niederösterreichische Landeshauptstadt St. Pölten mit dem steirischen Wallfahrtsort Mariazell, ursprünglich führte sie weiter bis Gußwerk.
Eigentümer und Betreiber ist seit Dezember 2010 die Niederösterreichische Verkehrsorganisationsgesellschaft (NÖVOG). Die Mariazellerbahn ist Teil des Verkehrsverbundes Niederösterreich-Burgenland. Der südliche Abschnitt zwischen Mitterbach und Mariazell gehört zum Steirischen Verkehrsverbund.

▲ Ein braunes Farbkleid tragen die »Ötscherbär-Lok« 1099 007 und die dazugehörige Wagen. Am 11. Juli 2008 rollen sie als REX 6837 bei Rabenstein a.d. Pielach (oben) und als REX 6837 bei Mainburg ihrem Ziel entgegen.

Erste Pläne für eine Bahn nach Mariazell gab es bereits 1858, doch der Spatenstich zum Bau der Mariazellerbahn erfolgte erst am 21. November 1896. Zehn Jahre später konnte die 91 Kilometer lange Gesamtstrecke eröffnet werden. Bereits 1911 wurde die Elektrifizierung der Strecke fertiggestellt. Ursprünglich führte die Mariazellerbahn von St. Pölten bis Gußwerk. Doch der 7,1 Kilometer lange Abschnitt von Mariazell bis Gußwerk, der vor allem dem Güterverkehr zu einem großen Sägewerk diente, ist seit 1988 stillgelegt und wurde 2003 abgetragen. Seither beträgt die Streckenlänge 85 Kilometer.
Von 1911 bis zum 27. Oktober 2013 waren auf der Strecke hauptsächlich die E-Loks der Reihe 1099 unterwegs. Damit ist die 1099 die älteste elektrische Lokomotive der Welt, die täglich auf der Strecke im Einsatz war, für die sie gebaut wurde. Bis auf zwei braune »Ötscherbär-Loks« wurde sie durch eine neue Triebwagengeneration ersetzt, die den klangvollen Namen »Himmelstreppe« erhielt.

Bei Erlaufklause rollt 4090 002 als R 6839 über den 68 m langen Kuhgrabenviadukt.

▲ *Als am 3. Oktober 2011, diese Aufnahme von R 6813 gelang, gehörte 1099 011 bereits zur NÖVOG.*

Wer mit der Mariazellerbahn in die niederösterreichischen Voralpen reist, benötigt ein wenig Zeit. Dafür belohnen den Reisenden aber einmalige Ausblicke. Über 600 Höhenmeter überwindet die Bahn von St. Pölten bis zum Scheitelpunkt der Strecke auf fast 900 Metern Seehöhe. Im wildromantischen Ötschergebiet wechseln sich elegante Viadukte mit Felsentunnels ab.Insgesamt werden 19 imposante Viadukte und 21 Tunnels auf dem Weg nach Mariazell befahren. Ihren Scheitelpunkt hat die Bahnlinie 892 Meter ü. d. M. im Gösingtunnel, der mit 2.369 Metern auch der längste Tunnel der Strecke ist. Das größtes Viadukt führt über den Saugraben, ist 113 Meter lang und 37 Meter hoch. (KJK)

▶ *Bei Schwarzenbach verlaufen Schiene und Straße nahe an der Pielach: 1099 011 am 11. Juli 2008 als R 6811.*

1099.011-7

Tauern-Bahn

Eine Gebirgsbahn im klassischen Sinn ist die 79 km lange Tauernbahn zwischen Schwarzach-St. Veit im Bundesland Salzburg und Spittal-Millstättersee in Kärnten. Sie führt mit einer maximalen Streckenneigung von 2,5 % über die Hohen Tauern und unterfährt den Gebirgskamm in einem 8371 Meter langen Scheiteltunnel. Die Bahnlinie hat heute zwei Aufgaben: Zum einen gehört sie zu einer der wichtigsten europäischen Nord-Süd-Magistralen und zum anderen erschließt sie das Gasteinertal für den Tourismus.

Auf der Fahrt über die Nordrampe ist am 19. August 2012 Taurus 1116 027 mit dem EC 111, als den 108 m langen Steinbach-Viadukt überquert (oben). 101 m misst der Hundsdorfer-Viadukt bei Bad Hofgastein, über den am 8. September 2012 der ÖBB-Tunnelrettungszug X 690 504 brummt. Bei dem Fahrzeug handelt es sich um einen ehemaligen Cargosprinter der DB AG.

1016 034
ÖBB
ÖB

Zu den besonders eindrucksvollen Brücken gehört die 137 m lange Angerschlucht-Brücke, die nach dem Tauerntunnel das größte Bauwerk der Tauernbahn-Nordrampe ist. Über die Bogenfachwerkkonstruktion zieht am 30. Juni 2012 der Taurus 1016 034 zusammen mit einer Lok der Reihe 1116 einen Güterzug.

Durch den Berg

Erlebnis-Bahnen

3.

Die Alternative

Im Jahr 2006 wurde die BLS AG gegründet, die seitdem mit rund 440 km Netzlänge die größte Privatbahn der Schweiz ist. Neben dem Betrieb des normalspurigen Streckennetzes betreibt sie auch die Schifffahrt auf dem Thuner- und Brienzersee.
Der Name geht zurück auf die 1906 gegründete Berner Alpenbahngesellschaft Bern–Lötschberg–Simplon. Ihre Geschichte beginnt, was die Linien betrifft, allerdings schon 1872, als die damalige Bödelibahn zwischen Därligen und Interlaken ihren Betrieb aufnahm. Danach wurde das Netz ständig erweitert und etliche Linien kamen hinzu. Ein Meilenstein in der Geschichte der BLS ist die Eröffnung des Lötschbergtunnels 1913, der Kandersteg im Kanton Bern mit Goppenstein im Wallis verbindet.
Im Jahr 1997 fusionierten die Spiez-Erlenbach-Zweisimmen-Bahn (SEZ), die Gürbetal-Bern-Schwarzenburg-Bahn (GBS) und die Bern-Neuenburg-Bahn (BN) mit der BLS. Ebenfalls entstand 1997, in unmittelbarer Nähe der BLS, aus der Fusion von Emmental-Burgdorf-Thun-Bahn (EBT), Vereinigte Huttwil-Bahnen (VHB) und Solothurn-Moutier-Bahn (SMB) die normalspurige Privatbahn Regionalverkehr Mittelland (RM) mit insgesamt 154 km Streckenlänge. Im Jahre 2006 fusionierten dann die BLS und die RM zur BLS AG, was sie zur größten Schweizer Privatbahn mit den meisten Fahrzeugen machte. Aus der einstigen Alpenbahn entstand ein moderner Eisenbahn-

▲ *Diese historische Aufnahme aus den 1950er-Jahren zeigt einen Schnellzug mit einer Ae 4/4 auf dem alten Kanderviadukt. Das 265 m lange Bauwerk ist als gemauerter Bogenviadukt mit zehn Öffnungen à 20 m und einer Öffnung à 25 m ausgeführt. 1981 entstand für das zweite Gleis 15 m daneben ein neuer, 285 m lange Betonbalkenviadukt.*

betrieb im Personen- und Güterverkehr. Das Jahr 2007 brachte nicht nur für die BLS große Veränderungen mit sich, sondern für das ganze Schweizer Bahnnetz. Die Eröffnung des 34,6 km langen Lötschberg-Basistunnels (LBT) zwischen Frutigen und Raron verkürzte die Reise vom Norden in den Süden. Bis zur Fertigstellung des Gotthard-Basistunnels ist der Lötschberg-Basistunnel der drittlängste Eisenbahntunnel der Welt.

2013 feierte die BLS AG mit Stolz das hundertjährige Bestehen der Lötschberglinie. Was damals, 1913, mit alten Stangenlokomotiven begann, ist heute ein nicht mehr wegzudenkender Schienenweg ins Wallis und weiter Rich-

▲ *Im Jahr 2007 wurde der neue 34,6 km lange Basistunnel durch den Lötschberg eröffnet, seither wird der 14.612 Meter lange alte Tunnel von 1913 als Lötschberg-Scheiteltunnel bezeichnet. In die südliche Tunneleinfahrt bei Goppenstein fährt ein moderner Nahverkehrstriebzug der BLS ein.*

tung Italien. Seit der Inbetriebnahme des LBT läuft ein Großteil des Verkehrs durch den Tunnel. Dennoch verstand es die BLS sehr gut, die »alte« Bergstrecke mit ihren Kehrtunnels und schönen Bahnhöfen richtig zu vermarkten. Obwohl der Unterhalt von zwei solchen wichtigen Transversalen kostspielig ist, bringt die BLS auf der Bergstrecke mit dem »Lötschberger« stündliche Verbindungen auf die Schiene und wirbt mit passenden Argumenten und interessanten Ausflugsmöglichkeiten um Fahrgäste. Zusätzlich ist bei einer plötzlichen Störung oder Sperrung des LBT weiterhin ein Verkehr in den Süden möglich. (WK)

▼ *Moderner Verkehr bei der BLS: Vor herrlichem Alpenpanorama ist auf der Gürbetalbahn Bern–Belp–Thun zwischen Kaufdorf und Thurnen ein Zug der S 44 unterwegs.*

Den 100. Geburtstag der Lötschbergstrecke feiert die BLS u.a. mit der Fahrt eines Jubiläumszuges von Bern nach Domodossola am 15. Juli 2013. Die Aufnahme entstand auf dem Luogelkinnviadukt bei Hohtenn.

Eine Re 486 passiert mit einem Zug des sogenannten »unbegleitete Kombinierten Verkehrs« (UKV) bei der Fahrt über die Bahnlinie Bellinzona–Luino (Italien) die Ortschaft San Nazzaro am Lago Maggiore.

Treffen im Hauptbahnhof Spiez (v.l.n.r.): Ein RABe 535 im modernen BLS-Farbkleid wartet neben Re 465 017 auf die Abfahrt; im Hintergrund ist ein RABe 525 zu sehen.

▲ *Eines der bekannten RhB-Krokodile bei der Auffahrt von Berguen in Richtung Preda.*

Kunstbau

Die rund 62 km lange Albulabahn von Thusis in den mondänen Urlaubsort St. Moritz zählt mit ihren 144 Brücken zu den wichtigsten Strecken im Netz der Rhätischen Bahn (RhB) im Kanton Graubünden. Die Schnellzüge von Chur über Thusis nach St. Moritz rollen im Stundentakt über die eingleisige Bahnlinie. Im Winter werden zusätzliche Autozüge von Thusis nach Samedan eingesetzt. Zwei der bekanntesten Schnellzüge der Welt nutzen die faszinierende Strecke mit ihren zahllosen Panorama-Ausblicken in die Bergwelt: bereits seit 1930 verkehrt hier der »langsamste Schnellzug der Welt«, der Glacier Express St. Moritz–Zermatt (siehe Seite 11), und seit 1973 der Bernina Express Chur–Tirano (siehe Seite 119).
Die Geschichte der RhB beginnt Ende des 19. Jahrhunderts. Zu dieser Zeit war der Schweizer Kanton Graubünden für den Verkehr immer noch schlecht erschlossen. Zudem hatten die Bündner Pässe durch die neuen Eisenbahn-

▲ *Ein historischer Zug mit dem bekannten RhB-Krokodil an der Spitze durchfährt den »Achterbahn-Abschnitt« der Albulabahn zwischen Bergün und Preda.*

linien über Gotthard und Brenner an Bedeutung eingebüßt. Die am 21. Juli 1890 eröffnete Landquart-Davos-Bahn – sie wurde erst fünf Jahre später in Rhätische Bahn umbenannt – hatte die Wirtschaftlichkeit einer Alpenbahn in dieser Region bewiesen. Zwischen Herbst 1894 und Sommer 1896 entsteht die Strecke von Landquart nach Thusis. Eine vordringliche Aufgabe der 1897 per Volksentscheid zur »Graubündner Staatsbahn« erhobenen RhB bestand darin, das Engadin an das Streckennetz anzubinden. Die Nationalversammlung in Bern entschied sich am 30. Juni 1898 für eine dampfbetriebene Schmalspurbahn für Dampfbetrieb durch das Albulatal. Im September 1898 begannen die Bauarbeiten.
Die Ingenieure griffen auf die gewonnenen Erfahrungen beim Bau der Gotthardbahn zurückgreifen, deshalb wurde die Strecke als reine Adhäsionsbahn angelegt (was im Vorfeld bezweifelt wurde). Um die Steigung nicht größer als 35 Promille anlegen zu müssen, waren zahlreiche Kunstbauten notwendig, darunter mehrere Spiral- und Kehrtunnel, mehrere Galerien und Schutzbauten. Unter den Brückenbauwerken sind damals Aufsehen erregende Konstruktionen wie das Landwasserviadukt (es mündet im Radius von 100 m direkt in den Landwasser Tunnel an der gegenüberliegenden Felswand).

Eine besondere Herausforderung stellte die erforderliche Steigung mit 76 Promille zwischen Bergün und Preda dar – das ist Adhäsionsbetrieb nicht zu bewältigen. Daher verringerten die Ingenieure die vorgesehene Steigung durch einen genialen Kunstgriff auf 35 Promille: Sie verlängerten die Strecke um etwa 12 km und bezwangen die Steigung durch den Bau von Kehr- und Spiraltunnel sowie zahlreiche Brücken. Mit dem Albulatunnel, dem längsten Kunstbau der Strecke, überwand man schließlich die Wasserscheide zwischen Rhein und Donau. Am 1. Juli 1903 wurde der Abschnitt Thusis–Celerina eröffnet. Nach gut einem Jahr weitere Bauzeit ging am 10. Juli 1904 die Verlängerung bis St. Moritz in Betrieb. Die Station St. Moritz wurde als Durchgangsbahnhof angelegt, weil man ursprünglich plante, die Albulalinie

Die Albulastrecke ist seit 2008 Welterbe der UNESCO. Zu ihren spektakulärsten Bauwerken gehört zweifellos der 136 m lange und 65 m hohe Landwasser-Viadukt bei Filisur, den hier der Glacier Express (großes Foto) historischer Personenzug auf der Fahrt nach Chur überqueren.

über den Malojapass nach Chiavenna zu verlängern. Da sich der Dampfbetrieb wegen der starken Steigungen und zahlreichen Tunnel als sehr aufwendig erwies, wurde die Bahnlinie sehr früh elektrifiziert: Bereits seit dem 15. Oktober 1919 ist die Strecke voll elektrifiziert. Heute versehen bekannte RhB-Lokomotiven wie Ge 4/6 oder Ge 6/6 I den täglichen Dienst. (KJK)

▶ *Seit 1909 waren auch Davos Platz und Filisur an der Albulabahn auf dem Schienenweg miteinander verbunden. Die rund 20 km Bahnlinie steht zu Unrecht im Schatten der Albula und Berninabahn, wie diese Aufnahme eines Allegra-Triebwagens beweist, der den eindrucksvollen Bärentritt überquert.*

Straßenbahn

Die Bahnlinie von Chur nach Arosa ist auch bekannt als Arosabahn, Arosalinie, Aroserbahn oder Aroserlinie. Gebaut wurde sie im Jahr 1914 von der ehemaligen Aktiengesellschaft Chur–Arosa-Bahn (ChA), um den Kurort Arosa besser an den Kantonshauptort Chur anzubinden. Wirtschaftliche Schwierigkeiten führten dazu, dass die ChA 1942 mit der RhB fusionieren musste. Doch erst 1997 übernahm die Arosabahn das Stromsystem der RhB. Dem Bau der ChA war eine rund zehn Jahre dauernde, lebhafte Diskussion um die geeignete Trassenführung der Bahn und die Lage des Bahnhofs in Arosa vorangegangen. Endlich – die Finanzierung des Streckenbaus war noch gar nicht gesichert – konstituierte sich die ChA zunächst provisorisch am 15. Juli 1911. Erst ein Jahr später wurde sie in Chur anlässlich der Generalversammlung auch formell gegründet. Die Mehrheit der Aktien war im Besitz des Kantons Graubünden. Anfang August 1912 begann man mit dem

▲ *Die Arosalinie ist aufwendig trassiert.*

▲ Ein Allegra-Triebzug nähert sich seinem Zielbahnhof Arosa.

Bau der Strecke. Gleich zu Beginn gab es eine Änderung: Weil die Stadt Chur den Plan hatte, eine Straßenbahn zu bauen, schlug sie vor, die Strecke direkt durch die Stadt zu führen. Auf diese Weise entfiel für die ChA der Bau eines Tunnels und zweier Brücken. Nichtsdestoweniger sorgte die Geländeformation immer wieder für Schwierigkeiten und sogar Rückschläge beim Bau. Trotzdem wurde die Strecke nach einer Bauzeit von nur zwei Jahren am 12. Dezember 1914 dem Betrieb übergeben. Der Verkehr wurde von Beginn an mit 2400 Volt Gleichstrom betrieben. Die Fahrt von Chur nach Arosa dauerte in den Anfangsjahren rund 80 Minuten.
Zunächst war der Betrieb der ChA finanziell erfolgreich, doch die Ende 1930er-Jahre geänderten wirtschaftlichen Rahmenbedingungen bereiteten der Bahngesellschaft zunehmend Schwierigkeiten. Schließlich blieb der Arosabahn keine andere Wahl, als 1942 mit der RhB zu fusionieren. Obwohl zunächst ein Umbau erwogen worden war, behielt sie ihr eigenes Stromsystem. Das änderte sich erst mehr als ein halbes Jahrhundert später, als die Arosabahn zum 29. November 1997 das Stromsystem des Stammnetzes der RhB übernahm. Mit dieser einschneidenden Änderung ging eine Sanierung der Trasse, eine Erneuerung der Stromversorgung sowie der Einsatz anderer Fahrzeuge einher. Während zuvor der Fahrstrom während 83 Jahren von Arosa Energie (Kraftwerk Lüen) bezogen wurde, führt man ihn nun über eine neue Versorgungsleitung vom RhB-Unterwerk in Reichenau-Tamins dem Churer Bahnhof und anschließend der Stadtstrecke zu. Das Depot Sand war mit der Stromumstellung nicht mehr notwendig und wurde deshalb geschlossen. Die gesamten Kosten der Umstellung – dazu zählten auch die Investitionen ins Rollmaterial und die Verlängerung der Kreuzungsstrecke bei der Station St. Peter-Molinis – betrugen 58,3 Millionen Franken, die der Bund zu 96 Prozent übernahm. (LW)

▲ *Mit zwei ABe 4/4 III an der Spitze fährt der Bernina Express am Lago Bianco entlang. Gerade hat er den Scheitelpunkt Ospizio Bernina*

ver-assen.

Aussichtsreiche

Zweifellos gehört die Berninabahn mit ihren zahlreichen Kunstbauten wie Tunnel, Kehrtunnel und Brücken – etwa dem Kreisviadukt von Brusio – zu den eindrücklichsten Gebirgsbahnen. Seit 2008 zählt sie zum UNESCO-Welterbe »Albula-Bernina«.
Ihre Fahrzeuge bewältigen Steigungen von 70 Promille ohne Zahnstange. Als 1.000-V-Gleichstrom-Bahn stellt sie eine Besonderheit im Wechselstrom-Netz (11 kV, 16,7 Hz) der RhB dar. Die kleinsten Kurvenradien betragen nur 45 m. Das ist auch der Grund, warum bis heute nur kurze Wagen die Berninastrecke befahren können.
Die Gründe für ihren Bau reichen bis ins 19. Jahrhundert zurück. Damals hatte der Fremdenverkehr in den Schweizer Alpen durch die Eröffnung der Bernina-Pass-Straße 1865 einen starken Impuls erhalten. Nicht lange danach kam die Idee auf, die wachsende Zahl der Touristen per Bahn in die Bergwelt zu transportieren. Zudem beabsichtigte der Kanton Graubünden, das entlegene Puschlavtal jenseits des Alpenkamms verkehrstechnisch besser zu erschließen und den Gütertransport sowie die Verbindungen ins Veltlin zu verbessern.
Nachdem die ersten Planungen abgeschlossen waren, begannen 1899 die Bauarbeiten der geplanten Verbindung zwischen dem Kurort St. Moritz (dem Endpunkt der Albulabahn) und dem italienischen Tirano am 16. Juli 1906, und zwar zu beiden Seiten des Bernina-Passes: zwischen Pontresina und Morteratsch im Norden sowie am Puschlaversee im Süden. Strom für die Bahn sollte ein System von Wasserkraftwerken erzeugen, das nahezu zeitgleich in den Jahren 1904 bis 1920 entstand.
Der Bahnbau vollzog sich in drei Etappen, sodass am 5. Juli 1910 mit der Inbetriebnahme des Abschnittes Alp Grüm–Poschiavo die noch bestehende Lücke geschlossen werden konnte.
Bis zum 31. Dezember 1941 war die Berninabahn ein selbstständiges Bahnunternehmen, doch zum 1. Januar 1942 übernahm die Rhätische Bahn (RhB) die Aktiengesellschaft.

▲*Auf seiner Fahrt über den Berninapass überquert ein Zug die »Wildwestbrücke« bei Alp Bondo.*

▼*Oberhalb der Baumgrenze scheint es fast so, als führe die Berninabahn durch eine Mondlandschaft.*

Seit 1969 betreibt die RhB direkte Wagenläufe zwischen Chur und Tirano, im Jahr 1973 startete schließlich der »Bernina Express« zu seiner ersten Erlebnisfahrt. Sein Erfolg hält seit mehr als vier Jahrzehnten an.
Während das Personenzugangebot vor allem auf Touristen ausgerichtet ist, rollen auch Güterzüge über die Berninabahn: Holz und Brennstoffe, Lebensmittel und Baustoffe fahren über den Schweizer Grenzbahnhof Campocologno und sein italienisches Pendant Tirano. Die Güterzüge werden von Triebwagen geführt, um auch in verkehrsschwachen Zeiten Reisende mitnehmen zu können. (WK)

▲ *Welterbe Berninabahn: Der Bernina Express durchfährt den legendären Kreisviadukt bei Brusio.*

▲ *Die Dampfschneeschleuder Xrotd 9213 der RhB*

■ *Am 27 Februar 2010 gab es einen Sondereinsatz für Fotografen auf der Berninalinie am Lago Bianco. Solche Einsätze waren durchaus typisch bis in die 1960er-Jahre, heute wird die Xrotd nur noch bei sehr viel Schnee eingesetzt.*

▲ *Regionalzug auf der Berninalinie zwischen Lagalb und Ospizio Bernina. Die beiden ABe 4/4-Triebwagen (vorne ABe 4/4II, hinten ABe 4/4III) haben mehr als genug Leistung für zwei Personenwagen, daher werden am 21. März 2007 noch zwei Güterwagen mitgeführt.*

Herzstück

Die Matterhorn Gotthard Bahn (MGBahn) zählt zu den jüngsten Privatbahnen in der Schweiz, denn sie wurde erst zum 1. Januar 2003 gegründet. Sie bildet das Herzstück des alpinen Schmalspurnetzes zwischen Engadin und Matterhorn und stellt eine wichtige Ost-West-Achse in den Schweizer Alpen dar. Die MGBahn ging aus einer Fusion der Furka-Oberalp-Bahn (FO) mit der Brig-Visp-Zermatt-Bahn (BVZ) hervor, über deren Strecken ebenfalls seit 1930 der Glacier Express verkehrt.
Die Visp-Zermatt-Bahn (VZ) verband zunächst nur die Orte Zermatt am Fuße des Matterhorns und Visp. Baubeginn für die Bahnline war der 27. November 1888, Fertigstellung am 18. Juli 1898. Bis nach Brig wurde die Strecke erst 1930 verlängert.
Etwas anders verlief der Bau der FO. Als Aktiengesellschaft wurde am 27. Mai 1910 die »Furkabahn Brig-Furka-Disentis« (BFD) mit dem Ziel gegründet, eine Bahn über den Furkapass zur Verbindung der Kantone Uri und Wallis zu bauen. Im Jahr 1911 begannen die Bauarbeiten im Bezirk Goms/Wallis sowie an der Furka-Scheitelstrecke, 1912 erfolgte auch an der Oberalpstrecke Andermatt–Disentis der erste Spatenstich.

▲*Deh 4/4 Nr. 55 der MGBahn bei der Ausfahrt Andermatt. Im Winter kann man Fluss und Wiese an dieser Stelle nur erahnen, denn zu dieser Zeit bestimmen meterhoher Schnee und Loipen diese Szenerie.*

▲ Die Furka-Oberalp-Bahn fusionierte Anfang 2003 mit der Brig-Visp-Zermatt-Bahn zur Matterhorn-Gotthard-Bahn.

▲ Deh 4/4 Nr. 24 beim Anstieg per Zahnstange von Andermatt nach Nätschen hinauf.

Am 30. Juni 1914 wurde der Abschnitt Brig–Gletsch (Wallis) eröffnet, doch weil sich die amtliche Abnahme verzögerte, konnte erst im Sommer 1915 in dem Abschnitt der Betrieb aufgenommen werden. Nichtsdestoweniger stürzten technische Schwierigkeiten am Furka-Scheiteltunnel und der Erste Weltkrieg die BFD in finanzielle Turbulenzen, die schließlich 1923 zum Konkurs führten.
Im Jahr 1924 bildete sich eine Interessengruppe aus den betroffenen Kantonen, der damaligen Visp-Zermatt-Bahn (VZ), der Schöllenenbahn Andermatt–Göschenen (SchB, zum 12.7.1917 eröffnet, 1961 mit der FO fusioniert) und der Rhätischen Bahn (RhB). Ihr Zusammenwirken führte zur Gründung der Furka-Oberalp-Bahn (FO), die den Streckenbau bis Disentis und zugleich der

▲ *Das Matterhorn in Zermatt war namensgebend für die Gründung der neuen Bahngesellschaft.*

Furka-Bergstrecke von Realp bis Oberwald im Oktober 1925 vollendete.
Wie zuvor erwähnt stellte fünf Jahre später die VZ (1962 in BVZ umbenannt) die Verbindung Visp–Brig fertig und schloss damit die Lücke zur Furka-Oberalp-Strecke. Zusammen mit der Schöllenenbahn entstand auf diese Weise das große Schmalspurnetz von VZ, FO, SchB und RhB, das die Bahnen sogleich für den Glacier Express Zermatt–St. Moritz nutzten.
Durch die Saisonabhängigkeit – im Winter ruhte der Verkehr über die Passstrecken – benötigte die FO bald staatliche Unterstützungsgelder. Der Staat half auch bei der 1942 vollendeten Elektrifizierung der Stammstrecke mit 11 kV 6,3 Hz Wechselstrom (die SchB wurde von Anfang an elektrisch betrieben, zunächst mit 1,2 kV Gleichstrom, nach der Fusion mit 700 V Wechselstrom).
Im Jahr 1970 entstanden erste Planungen für einen Furka-Basistunnel, der ab 1973 gebaut und als längster Schmalspurbahn-Tunnel der Welt am 25. Juni 1982 eröffnet wurde (in dieser Hinsicht wurde erst 1999 durch den Vereina-Tunnel abgelöst). Die alte Strecke über die Furka wurde 1981 zunächst stillgelegt, wird aber heute erfolgreich von der Dampfbahn Furka Bergstrecke (DFB) betrieben (siehe Seite 126). Sie ist seit 1999 in Realp wieder an das FO-Netz angeschlossen. (JR)

Als Goms wird der oberste Talabschnitt des Oberwallis zwischen der Quelle der Rhone und der Talstufe von Grengiols in der Nähe von Brig bezeichnet. Es ist der östlichste Teil des Kantons Wallis. Im Osten wird es durch den Galenstock begrenzt und im Westen »optisch« durch das Weisshorn. Im Goms stehen im Winter über 100 km bestens präparierte Loipen für die Langlaufarten Klassisch und Skating zur Verfügung – die MGBahn bringt die Skiläufer ans Ziel

Engagement

Die nicht gewinnorientierte Aktiengesellschaft Dampfbahn Furka-Bergstrecke (DFB AG) betreibt heute als konzessionierte Gebirgsbahngesellschaft die meterspurige Zahnradstrecke von Realp über den Furkapass nach Oberwald. Das Personal der Bahn besteht fast ausnahmslos aus Freiwilligen. Die Geschichte dieser außergewöhnlichen Bahngesellschaft ist eng mit dem Bau des Furka-Basistunnels verknüpft.Als zur Winterpause 1981 der Betrieb auf der Bergstrecke eingestellt und 1982 der Furka-Basistunnel eröffnet worden war, schien das Schicksal dieser landschaftlich eindrucksvollen Strecke, die dem »Glacier Express« seinen Namen gab, besiegelt. Denn in der Schweiz ist gesetzlich vorgeschrieben, solche Streckenabschnitte abzubauen. Doch engagierte Eisenbahnfreunden verhinderten dies und gründeten 1983 den Verein Furka Bergstrecke und 1985 die Dampfbahn Furka-Bergstrecke AG als Trägergesellschaft. Man begann, die Strecke aufwendig zu sanieren und baute die alte Fahrleitung ab. Außerdem erwarben die Eisenbahnfreunde erste Fahrzeuge von verschiedenen Schweizer Schmalspurbahnen, um sie zu restaurieren. Finanziert wurde dies alles hauptsächlich mit Spenden und durch den Verkauf von Liebhaber-Aktien.

Lok HG 2/3 »Weisshorn« erklimmt mit einem Personenzug die starke Steigung zwischen Oberwald und Gletsch im Rhonetal.

Im Jahr 1992 war es schließlich soweit: auf dem Abschnitt Realp–Tiefenbach wurde der öffentliche Fahrbetrieb wieder aufgenommen. Im Jahr darauf ging es schon bis zur vor dem Furka-Scheiteltunnel gelegenen Station Furka. Jetzt wurden der Scheiteltunnel und der Bahnhof Gletsch saniert, sodass im Jahr 2000 der Betrieb um den Abschnitt Furka–Gletsch erweitert werden konnte. Schließlich kam am 12. August 2010 der große Moment: Der verbliebene Streckenabschnitt zwischen Gletsch und Oberwald ging wieder in Betrieb, sodass die 17,8 km lange Furka-Bergstrecke wieder in voller Länge befahren werden konnte. (LW)

▲ *Eine der beiden HGm 4/4 Zahnrad-Diesellok der Matterhorn Gotthard Bahn hat am 22. August 2010 in kürze Oberwald erreicht. Die HGm 4/4 sind die einzigen Großdiesellok in der Schweiz, die gelegentlich vor Personenzügen angetroffen werden können.*

▲ *HG 3/4 Nr. 1 ist am 3. Juli 2011 zwischen Gletsch und Oberwald unterwegs. Gut zu erkennen sind das untere Tunnelportal des Kehrtunnels und die Kehren der Grimselpassstraße.*

Der Weg nach Süden

Zu den anstrengendsten Etappen auf der Reise nach Italien gehörte über Jahrhunderte der Weg über den Gotthardpass. Doch seit 1882 bringt die Eisenbahn die Reisenden und vor allem Güter über die Alpen. Die ca. 206 Kilometern lange Gotthardbahn beginnt im Norden in Immensee im Kanton Schwyz. Von dort führt sie über den Eisenbahnknoten Arth-Goldau und den Depotstandort Erstfeld im Kanton Uri, zum Nordportal des 15 Kilometer langen Gotthardtunnels in Göschenen. Vom Südportal in Airolo im Kanton Tessin verläuft die Bahnlinie über Bellinzona nach Chiasso, wo sie die Grenze zu Italien erreicht.

Erst nach nach umfangreichen öffentlichen Debatten über die Wahl hatte man sich 1863 für die Gotthardroute entschieden und am 7. August 1863 die große Gotthard-vereinigung gegründet. Da man für den teuren Tunnelbau ausländische Geldgeber benötigte, folgten langwierige Verhandlungen, sodass erst am 6. Dezember 1871 die Gründung der Gotthardbahngesellschaft (GB) erfolgte, die das Projekt sogleich ausschrieb. Den Zuschlag für den Tunnelbau erhielt die Genfer Firma »Entreprise du Grand Tunnel du Gothard« des Ingenieurs Louis Favre (1823–1879), der das günstigste Angebot gemacht und eine Bauzeit von nur acht Jahren zugesichert hatte. Sonst drohten entsprechende Konventionalstrafen.

Die Bauarbeiten begannen am Südportal am 13. September 1872 und am 24. Oktober des gleichen Jahres im Norden. Sie erwiesen sich als außerordentlich schwierig und weitaus teurer als erwartet. Immer wieder musste über die Finanzierung und Fortgang der Arbeiten verhandelt werden. Der unermüdliche Louis Favre, für den sich der Auftrag zu einem finanziellen Fiasko entwickelt hatte, sollte den Tunneldurchbruch nicht mehr erleben. Er starb während eines Kontrollgangs am 19. Juli 1879. Der offizielle Durchstich erfolgte am 29. Februar 1880, kurz nach 11 Uhr, nach sieben Jahren und fünf Monaten. Aber es vergingen noch mehr als zwei Jahre, bis der Eröffnungszug durch den Tunnel rollte. Am 1. Juni 1882 nahm die Gotthardbahn zwischen Immensee und Chiasso den vollständigen Betrieb auf. Der Erfolg der neuen Verbindung ließ nicht lange auf sich warten: 15 Jahre später rollten täglich mehr als 60 Züge durch den Tunnel. Noch immer ist die Gotthardbahn die kürzeste Verbindung zwischen den Bahnnetzen im Nordwesten Europas und Italiens. Über sie verläuft ein Großteil des Güter- und Personenverkehrs zwischen diesen beiden Wirtschaftsräumen.

Die beiden Rampen zum Scheiteltunnel sind bekannt für ihre künstliche Verlängerung durch Schleifen und Spiraltunnel, damit die Lokomotiven die Steigung im reinen Adhäsionsbetrieb bewältigen können. Im Jahr 1916 beschloss die SBB die Strecke zu elektrifizieren. Man wollte unabhängig von ausländischen Kohlelieferungen werden und die Bahnlinie leistungsfähiger machen. Erstmals verkehrten am 18. Oktober 1920 die Züge zwischen Erstfeld und Ambri-Piotta elektrisch, ab 12. Dezember 1920 bis Biasca elektrisch. Zwei Jahre später, am 28. Mai 1922, war die Elektrifizierung abgeschlossen. Die Fahrleitung verband jetzt Luzern mit Chiasso. (WK)

▲ *Ein Kieszug auf den Weg in Richtung Göschenen überquert bei Wassen die Untere Wattingerbrücke und fährt sogleich in den 1084 m langen Wattingenkehrtunnel ein. Führend war Re 6/6 mit der Nr. 11601, eine von vier Prototypen die noch einen geteilten Lokkasten besaßen. Ihr folgte eine unbekannt gebliebene Re 4/4 sowie Re 6/6 11641 als Schiebelok. Mit der Inbetriebnahme des Gotthard-Basistunnels im Jahre 2016 wird dieses Motiv mit Güterzügen wohl nicht mehr umsetzbar sein.*

▲ *Als seltene Gäste am Gotthard gelten die BLS-Loks der Reihe 425. Am 4. September 2013 nehmen die Loks 178 und 182 mit einem Ea-Wagenzug die Steigung kurz hinter dem Bahnhof Erstfeld in Angriff.*

◀ *Am Morgen des 4. September war 185 119 zusammen mit ihrer Schwestermaschine der Nummer 104 und den Winner KLV von Basel kommend in Richtung Chiasso unterwegs. Hier ist der Zug kurz hinter Erstfeld zu sehen.*

Bei Wassen werden die Lokomotiven auf der Gotthardstrecke stark gefordert: Oben befördert eine Re 620 eine Ganzzug aus Zementsilowagen eines bekannten Herstellers über die Strecke, unten mühen sich eine Re 620 und eine Re 412 mit vereinten Kräften mit einem Zug des kombinierten Verkehrs in der Steigung.

▲ *Bei Steinen, unweit des Lauersees, ist am Abend des 4. September 2013 ein Containerzug mit einer »Re 10/10« unterwegs in Richtung Arth Goldau. Als Kulisse diente dem Fotografen der »Kleine und Grosse Mythen«.*

◀ An der Südausfahrt des Bahnhof Gurtnellen bietet sich dieser imposante Ausblick. Am 4. September 2013 erklimmen die CROSSRAIL-Maschinen 185 599 und 185 600 mit ihren Containerzug die Steigung bis Göschenen hinauf, um von dort ihre Fahrt weiter nach Chiasso fortzusetzen, wo ein Lokwechsel stattfindet.

▶ Zwar sind die Neigezüge der Reihe RABDe 500 nicht für den Einsatz am Gotthard konzipiert worden, helfen dort aber regelmäßig aus. Am 3. September 2013 wurde die Garnitur 038 mit dem Taufnamen »Arthur Honegger« als ICN 680 (Lugano–Basel SBB) bei Wassen fotografiert.

▶ 460 068 hat am 3. September 2013 den Interregio 2275 von Zürich HB nach Locarno am Haken und passiert gerade den kleinen Ort Silenen.

◢ Für »Flachbahn durch den Tunnel, Gotthard-Basistunnel 2016« wirbt die 460 107 der SBB. Am 3. September 2013 rollt die Lok mit IR 2276 von Locarno nach Zürich HB die Gotthard-Nordrampe hinab und verlässt gerade die im Bahnhof Wassen liegende 185 m lange Mittlere Entschigtal-Galerie.

◀ Drei Loks der Baureihe Re 4/4 erklimmen am 3. September 2013 die Gotthard-Nordrampe mit einem Kieszug und passieren soeben die letzte Ebene von Wassen. In wenigen Minuten erreicht der Zug den Bahnhof Göschenen. Führend war Lok 11385, gefolgt von 11289 und 11286. Intern wird diese Reihung auch als Re 12/12 bezeichnet.

▲ *Frühling im Tessin: Ae 610 bei Pollegio-Bodio mit einem Zug des kombinierten Verkehrs.*

Die Zukunft im Berg

Viele Freunde der landschaftlich reizvollen Hauptbahnen in den Alpen werden diese Wahrheit nur ungern hören: Die Zukunft einiger Magistralen liegt im wahrsten Sinne des Wortes im Dunkeln, denn für sie wurden und werden in langen Basistunneln verschwinden. In der Schweiz steht ein solches Jahrhundertbauwerk kurz vor der Fertigstellung. Bereits 1996 begannen die Eidgenossen mit dem Bau des längsten Eisenbahntunnels der Welt.
Im Jahr 2017 werden Hochgeschwindigkeitszüge mit bis zu 250 km/h unter den Alpen durch eine 57 Kilometer lange Röhre nach Norditalien rasen. Unter dem Namen »Neue Eisenbahn-Alpentransversale« (NEAT) entsteht eine schnelle und leistungsfähige Bahnverbindung durch die Alpen. Während mit dem Lötschberg-Basistunnel bereits eine Route fertiggestellt ist, sind die Bauarbeiten am Gotthard noch in vollem Gange. Diese neue Strecke wird nach ihrer Eröffnung den Nord-Süd-Verkehr in Europa revolutionieren. Das Herzstück dieser Transitstrecke bilden die beiden Basistunnel am Gotthard und am Ceneri (siehe Seite 15). Aufgrund des Streckenprofils, das keine großen Steigungen aufweist, heißt die neue Strecke auch »Flachbahn«. Sie ist eine Hochgeschwindigkeitsstrecke, auf der Frei-

▲ Unterhalb von Sedrun entsteht eine Multifunktionsstelle mit Nothalt für Züge und der Möglichkeit zum Spurwechsel. Dafür werden am 23. Mai 2013 die Weichen eingebaut.

▲ Der Ausbruch ist in vollem Gange: Am Südportal fährt ein Zug der Stollenbahn am 1. November 2006 in Bodio in die Weströhre ein.

▲ Berge ohne Eisenbahn: Rund 800 m unterhalb von Sedrun, wo ein aufwendiger Zwischenangriff gebaut wurde, verläuft der neue Gotthard-Basistunnel.

▲ *Die Weichen für die Multifunktionsstelle Sedrun werden am 13. April 2013 in Erstfeld vormontiert.*

▲ *Gleisarbeiten in Altdorf Rynächt im November 2011*

sezüge auf etwa 60 Streckenkilometern mit einer Spitzengeschwindigkeit von bis zu 250 km/h verkehren können. Die neue Gotthardbahn ermöglicht nicht nur den effizienten Transport von Gütern auf der Schiene, sondern verringert die Reisezeiten im nationalen und internationalen Personenverkehr. So wird sich dank des voraussichtlich 2019 fertiggestellten Ceneri-Basistunnels und des Gotthard-Basistunnels die Fahrzeit zwischen Zürich und Mailand voraussichtlich um rund eine Stunde verkürzen.

Doch die neue Strecke dient auch und gerade dem Güterverkehr auf der Schiene. Schwerere Güterzüge werden schneller die Alpen durchqueren und auf diese Weise nicht nur den überlasteten Gotthard-Straßentunnel, son-

▲ Auch am Ceneri-Basistunnel gehen die Bauarbeiten voran: In Camorino ist am 28. August 2013 ein Viadukt in Bau, der die Strecke Lugano–Bellinzona an die neue Flachbahn anbindet.

▲ In Biasca entstand 2009/2010 ein Installationsplatz für die komplette Bahntechnik des Gotthard-Basistunnels. Im Oktober 2009 wurde das Fundament für das Betonwerk gegossen.

▲ Blick auf die Ceneri-Röhre nach Vigana: Die Luftaufnahme lässt das Ausmaß der Baumaßnahmen in Camorino erahnen.

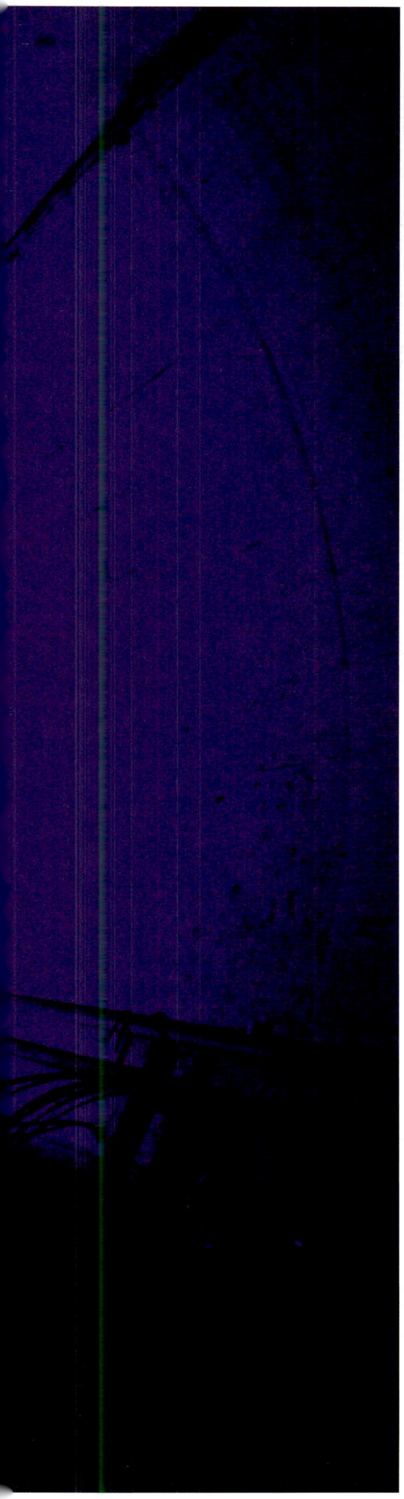

▲ *In Vezia entstand ein Teilstück des Ceneri-Tunnels im Tagebau. Am 3. September 2013 waren die beiden Betonröhren noch nicht wieder mit Erdreich bedeckt.*

dern auch die gesamte Nord-Süd-Achse auf der Straße vom stark wachsenden Schwerverkehr entlasten. Das wird sich auf den Schienengüterverkehr in ganz Nordeuropa auswirken, denn dieser wird in Nord-Süd-Richtung erheblich zunehmen.
Die Voraussetzungen dazu sind günstig, denn der Gotthard-Basistunnel ermöglicht es, die Transportleistung auf der Schweizer Nord-Süd-Achse mit 40 Millionen Tonnen Gütern pro Jahr fast zu verdoppeln. Zur besonderen Leistungsfähigkeit der neuen Flachbahn in der Schweiz trägt vor allem das Streckenprofil bei. Auf der alten Gotthardstrecke mit ihren langen Rampen müssen zwei Lokomotiven an der Zugspitze eingesetzt werden, um die maximal 1.400 Tonnen schweren Züge das Urner Reusstal bzw. die Leventina hoch zu befördern. Mit einer zusätzlichen Schublok beträgt die zugelassene Anhängelast 1.700 Tonnen. Mehr erlaubte der Einsatz einer zusätzlichen Zwischenlok im Zug, doch dies wird nicht mehr gemacht. Da die Alpen auf der neuen Flachbahn fast eben durchfahren werden, brauchen den schweren Zügen zukünftig keine Schiebe- und Zwischenloks mehr beigestellt zu werden. Auch die Zuglasten lassen sich erhöhen, von Güterzügen mit bis 4.000 Tonnen Gesamtgewicht ist derzeit die Rede. Die Zukunft wird zeigen, in wie weit sich diese kühnen Pläne umsetzen lassen.
(LW)

◀ *Blick in die Weströhre des Ceneri-Basistunnels bei Vigana*

▲ *Alpenbahn im 21. Jahrhundert: Schnurgerade verläuft die neue Flachbahn in Richtung Gotthard-Basistunnel durch den Kanton Uri. Nach ihrer Eröffnung wird die Bahnverbindung eine der wichtigsten Lebensadern für Europa sein.*

Bildnachweis

S. 3: © olimpiupop – fotolia.com; S. 6/7 + S. 8/9: Helmut Reese; S. 10/11: © RhB / Andrea Badrutt; S. 12/13: Helmut Reese; S. 14/15: © AlpTransit Gotthard AG; S. 17–31: alle Fotos Veselin Kolev; S. 32–34 oben: Helmut Reese; S. 34 unten: Patrick Welkerling; S. 35–45: Helmut Reese; S. 46 + S. 47: Patrick Welkerling; S. 48/49: Helmut Reese; S. 50–53: Helmut Reese; S. 54–57: Veselin Kolev; S. 58–60: Helmut Reese; S. 61 + S. 62: Patrick Welkerling; S. 63–65: Jan Welkerling; S. 66 + S. 67: Helmut Reese; S. 68–71: Jan Welkerling; S. 72–77: Helmut Reese; S. 78 oben: Jan Welkerling; S. 78 unten: Patrick Welkerling; S. 79: Jan Welkerling; S. 80–85: Roland Beier; S. 86–87: Jan Welkerling; S. 88–91: Helmut Reese; S. 92/93: Thomas Estler; S. 94–106: Helmut Reese; S. 107: © BLS Archiv; S. 108 oben: Erich Westendarp / pixelio.de; S. 108 Mitte: © BLS AG; S. 108 unten: Erich Westendarp / pixelio.de; S. 109 oben: Jeroen Seyffer / BLS Archiv; S. 109 unten: © BLS AG; S. 110: Thomas Estler; S. 111: © RhB / Peter Pfeiffer; S.112 (großes Bild): © RhB / A. Badrutt; S. 112 (kleines Bild): © RhB / Frank Daniel; S. 113: © RhB / Tibert Keller; S. 114: © RhB / Tibert Keller; S. 115: © RhB / Tibert Keller; S. 116/117: Kabelleger / David Gubler / wikimedia commons; S. 118 oben: © RhB / Marco Hoffmann; S. 118 unten: T. Estler; S. 119: © RhB / P. Donatsch; S. 120 oben: © RhB / Peter Donatsch; S. 120 Mitte, unten + S. 121: Kabelleger / David Gubler / wikimedia commons; S. 122: Jan Welkerling; S. 123 oben: Thomas Estler; S. 123 unten: Jan Welkerling; S. 124 + S. 125: © MGBahn; S. 126: Erich Westendarp / pixelio.de (2); S. 127: Kabelleger / David Gubler / wikimedia commons (2); S. 128/129: Patrick Welkerling; S. 130: Patrick Welkerling (2); S. 131: © SBB (2); S. 132 + 133 oben: Patrick Welkerling; S. 133 unten: Jan Welkerling; S. 134 + S. 135: Patrick Welkerling; S. 136: © SBB; S. 137–143: alle Fotos © AlpTransit Gotthard AG

▲ *Die Einfahrt zum Südportal des Gotthard-Basistunnels in Bodio am 5. März 2014*

Zum Weiterlesen aus dem Verlag transpress

Marc Dahlbeck
Eisenbahntunnel

Marc Dahlbeck beschreibt in diesem Buch die Entwicklung und Technik des Tunnelbaus von den Anfängen bis in die heutige Zeit.

160 Seiten, Format 230 x 265 mm
ISBN 978-3-613-71456-4
€ 29,90 / CHF 39,90 / € (A) 30,80

Ulrich Lieb
Eisenbahnbrücken

Brücken und Viadukte gehören zu den beachtlichsten Leistungen der Menschheit. Als beeindruckende Konstruktionen überspannen sie Straßen, Täler, Flüsse und Kanäle. Zahlreiche Daten und Fakten zu jeder Brücke runden dieses Werk ab.
160 Seiten, Format 230 x 265 mm
ISBN 978-3-613-71442-7
€ 29,90 / CHF 39,90 / € (A) 30,80

J. Michael Mehltretter
Mit Volldampf voraus

In den 1970er Jahren stellte die Deutsche Bundesbahn ihre Dampflokomotiven endgültig ab. Mit erheblichem technischen Aufwand setzte J. Michael Mehltretter die schwarzen Boliden gekonnt in Szene.
356 Seiten, Format 240 x 305 mm
ISBN 978-3-613-71469-4
€ 39,90 / CHF 55,90 / € (A) 41,10

Michael U. Kratzsch-Leichsenring
Dampflokparadies Harz

Neben ganz klassischen Motiven finden sich in diesem Bildband auch Einblicke in den Alltag der Schmalspurbahnen. Bitte einsteigen und träumen!
160 Seiten, Format 230 x 265 mm
ISBN 978-3-613-71423-6
€ 24,90 / CHF 34,90 / € (A) 25,60

Stand April 2014
Änderungen in Preis und Lieferfähigkeit vorbehalten.

Überall, wo es Bücher gibt, oder unter
www.transpress.de
Service-Hotline: 0711/ 98 809 984

trans press